普通高等教育"十一五"国家级规划教材配套辅导

应用概率统计学习指导
（第二版）

马利霞　张　硕　宋占杰　编

U0207748

科 学 出 版 社

北 京

内 容 简 介

本书是普通高等教育"十一五"国家级规划教材《应用概率统计(高层次类)》(第三版)(科学出版社,宋占杰等)的配套辅导用书,内容包括概率论和数理统计两部分,共 9 章,分别为事件及其概率、随机变量及其分布、随机变量的数字特征、大数定律与中心极限定理、数理统计的基本概念、参数估计、假设检验、方差分析、回归分析等.

本书可供高等院校理工科本科生学习应用概率统计课程或者概率论与数理统计课程的参考书,也可作为硕士研究生入学考试的复习参考书.

图书在版编目(CIP)数据

应用概率统计学习指导/马利霞, 张硕, 宋占杰编. —2 版. —北京: 科学出版社, 2018.1

普通高等教育"十一五"国家级规划教材配套辅导

ISBN 978-7-03-055456-7

Ⅰ. ①应… Ⅱ. ①马… ②张… ③宋… Ⅲ. ①概率统计-高等学校-教学参考资料 Ⅳ. ①O211

中国版本图书馆 CIP 数据核字 (2017) 第 282956 号

责任编辑: 王 静 / 责任校对: 彭珍珍
责任印制: 徐晓晨 / 封面设计: 陈 敬

科 学 出 版 社 出版
北京东黄城根北街 16 号
邮政编码: 100717
http://www.sciencep.com

北京中石油彩色印刷有限责任公司 印刷
科学出版社发行 各地新华书店经销
*
2005 年 7 月第 一 版 开本: 720×1000 1/16
2018 年 1 月第 二 版 印张: 11 3/4
2019 年 4 月第四次印刷 字数: 237 000
定价: 34.00 元
(如有印装质量问题, 我社负责调换)

第二版前言

在客观世界，随机现象远多于确定性现象，因此加强随机数学的训练在提高大学生能力和素质方面占重要地位. 天津大学概率统计课程的系列教材多年来都是为这一目的设计和编写的，历次修订，都始终秉承这一主旨.

几十年来天津大学几代概率统计任课教师经验的积累和集体智慧的结晶是概率统计课程不断完善的重要源泉. 首先应该感谢马逢时教授，马先生凝聚天津大学历年教学成果，1988 年组织概率统计任课教师编写了本书的第一稿. 正式出版后立刻得到国内同行的认可并被多所兄弟院校选定为教材，成为 20 世纪 80 年代末、90 年代初代表性概率统计教材之一. 随着本世纪初硕士、博士研究生的扩招，为加强和充实工科大学概率统计课程，由刘嘉焜教授和王家生副教授、张玉环副教授等教师在原版基础上进行大幅度修订，重新编写适应天津大学高层次类的本科概率统计教材，主要是针对求是学部、电信学院和自动化学院等对概率统计要求较高，将来准备进一步深造的本科生. 该教材连续成为全国为数不多的"十五"和"十一五"国家级规划教材.

经过十余年总结完善，在此基础上，2017 年 1 月宋占杰、胡飞、孙晓晨、关静编写的《应用概率统计 (高层次类)》出版. 本书是与之配套的习题解析. 出版本书的目的是帮助读者解决"做题难"的困扰. 因为概率统计和高等数学思维方式有所区别，历年来有许多学生反映：高等数学课堂上听懂了，课后习题就有思路做，但概率统计课堂上听懂了，课后习题常常感到无从下手. 这是由确定性数学和随机数学的思维方式决定的. 随机数学技巧性强，并相对独立，使学生学习产生了困惑，很有必要给出一些难题的解析，帮助学生自学.

本书由马利霞，张硕编写，宋占杰教授修改审定. 本书的出版，得到了天津大学教务处和数学学院领导及相关工作人员的热忱帮助，也得到了天津大学 2015 年度校级精品教材建设项目的支持，兄弟院校的同行也十分关注本书的出版，在此一并致以衷心的感谢.

由于编者水平有限，疏漏和不当之处恳请同行与读者指正.

联系邮箱：zhanjiesong@tju.edu.cn.

编　者

2017 年 5 月于天津

目　　录

第 1 章　事件及其概率

1. 将下列事件用事件 A, B, C 表示出来.

(i) 3 个事件中至少有一个发生;

(ii) 3 个事件中只有 A 发生;

(iii) 3 个事件中恰好有 2 个发生;

(iv) 3 个事件中至少有 2 个发生;

(v) 3 个事件中至少有一个不发生;

(vi) 3 个事件中不多于 1 个发生.

解　(i) A, B, C 三个事件中至少有一个发生表示为 $A \cup B \cup C$;

(ii) 3 个事件中只有 A 发生, 即指 A 发生同时 B, C 都不发生, 故应为 $A\overline{B}\,\overline{C}$, 或可表示为 $A - B - C$;

(iii) 3 个事件中恰好有两个发生即指 $(AB\overline{C}) \cup (A\overline{B}C) \cup (\overline{A}BC)$;

(iv) 3 个事件中至少有 2 个发生可表示为 $(AB) \cup (BC) \cup (CA)$, 也可写成 $(ABC) \cup (AB\overline{C}) \cup (A\overline{B}C) \cup (\overline{A}BC)$;

(v) 3 个事件中至少有一个不发生可表示为 $\overline{A} \cup \overline{B} \cup \overline{C}$, 或利用对偶律写成 $\overline{ABC}$, 即 A, B, C 同时发生的对立事件就是至少有一个不发生;

(vi) 3 个事件中不多于 1 个发生表示 A, B, C 都不发生或 A, B, C 中恰有一个发生, 故可表示为 $(\overline{A}\,\overline{B}\,\overline{C}) \cup (A\overline{B}\,\overline{C}) \cup (\overline{A}B\overline{C}) \cup (\overline{A}\,\overline{B}C)$, 或可把 3 个事件中不多于 1 个发生看成 (iv) 中至少有 2 个发生的对立事件, 故也可写成 $\overline{(AB) \cup (BC) \cup (CA)}$.

2. 在掷骰子的试验中, A 表示"点数不大于 4", B 表示"出偶数点", C 表示"出奇数点", 写出下列事件中的样本点: $A \cup B, AB, B - A, BC, \overline{B \cup C}, (A \cup B)C$.

解　由题意可知 $A = \{1, 2, 3, 4\}, B = \{2, 4, 6\}, C = \{1, 3, 5\}$. 所以

$A \cup B = \{1, 2, 3, 4, 6\}$;

$AB = \{2, 4\}$;

$B - A = \{6\}$;

$BC = \varnothing$;

$\overline{B \cup C} = \overline{B} \cap \overline{C} = \varnothing$;

$(A \cup B)C = \{1, 2, 3, 4, 6\} \cap \{1, 3, 5\} = \{1, 3\}$.

3. 已知 $P(A) = P(B) = P(C) = \dfrac{1}{4}, P(AB) = P(CB) = 0, P(AC) = \dfrac{1}{8}$, 求 A, B, C 中至少有一个出现的概率.

解 由条件知 $P(A) = P(B) = P(C) = \dfrac{1}{4}$，$P(AB) = P(CB) = 0$，$P(AC) = \dfrac{1}{8}$，所以 $P(ABC) = 0$. 代入一般加法公式可得

$$P(A \cup B \cup C) = P(A) + P(B) + P(C) - P(AB) - P(AC) - P(BC) + P(ABC)$$
$$= \frac{3}{4} - 0 - \frac{1}{8} - 0 + 0 = \frac{5}{8}.$$

4. 袋中装有标号为 $1, 2, \cdots, 10$ 的 10 个相同的球, 从中任取 3 个球, 试求

(i) 3 个球中最小的标号为 5 的概率;

(ii) 3 个球中最大的标号为 5 的概率.

解 随机试验为从 10 个球中任取 3 个球, 故 Ω 中共有 C_{10}^3 个样本点.

(i) 事件 A: "3 个球中最小的标号为 5", 表示标号为 5 的球必在此取的 3 个球中, 而另外 2 个球的标号都比 5 大, 只能是从 $6,7,8,9,10$ 的 5 个球中任取的 2 个, 故 A 中样本点个数为 C_5^2, 故所求概率为 $P(A) = C_5^2 / C_{10}^3 = \dfrac{1}{12}$;

(ii) 事件 B: "3 个球中最大的标号为 5", 表示标号为 5 的球必在此取的 3 个球中, 而另外 2 个球的标号都比 5 小, 只能是从 $1,2,3,4$ 的 4 个球中任取的 2 个, 故 B 中样本点个数为 C_4^2, 故

$$P(B) = C_4^2 / C_{10}^3 = \frac{1}{20}.$$

5. 在 1500 个产品中有 1200 个一级品, 300 个二级品. 任意抽取 100 个, 求其中

(i) 恰有 20 个二级品的概率;

(ii) 至少有 2 个二级品的概率.

解 随机试验为从 1500 个产品中任意抽取 100 个, 故 Ω 中共有 C_{1500}^{100} 个样本点.

(i) 事件 A: "恰有 20 个二级品" 相当于 "从 300 个二级品中抽取 20 个" 而 "从 1200 个一级品中抽取 80 个", 故 A 中共含有 $C_{300}^{20} \cdot C_{1200}^{80}$ 个样本点, 所以

$$P(A) = C_{300}^{20} C_{1200}^{80} / C_{1500}^{100};$$

(ii) 设 A_k: "恰有 k 个二级品", 由上面分析易知

$$P(A_k) = C_{300}^k C_{1200}^{100-k} / C_{1500}^{100},$$

事件 B: "至少有 2 个二级品" 可表示为 $B = \bigcup_{k=2}^{100} A_k$, 或 $B = \Omega - A_0 - A_1$, 故

$$P(B) = P\left(\bigcup_{k=2}^{100} A_k \right) = \sum_{k=2}^{100} C_{300}^k C_{1200}^{100-k} / C_{1500}^{100}$$

或

$$P(B) = P(\Omega - A_0 - A_1)$$
$$= 1 - C_{1200}^{100}/C_{1500}^{100} - C_{300}^{1}C_{1200}^{99}/C_{1500}^{100}.$$

6. 一部五卷文集按任意次序放到书架上, 试求下列事件的概率:

(i) 第 1 卷和第 5 卷出现在两边;

(ii) 第 1 卷或第 5 卷出现在两边;

(iii) 第 1 卷及第 5 卷都不出现在旁边;

(iv) 自左向右或自右向左的卷号恰好是 $1, 2, 3, 4, 5$.

解　随机试验为将 5 卷文集按任意次序放到书架上, 故 Ω 共有 5! 个样本点.

(i) 事件 A:"第 1 卷和第 5 卷出现在两边" 表示第 1 卷在左端, 第 5 卷在右端, 或第 1 卷在右端而第 5 卷在左端. 这两种情况中第 2,3,4 卷在中间可任意排, 有 3! 种放法, 故 A 中样本点个数为 $2 \cdot 3!$, 于是

$$P(A) = 2 \cdot 3!\Big/5! = \frac{1}{10}.$$

(ii) 设 A_1:"第 1 卷在两边", A_5:"第 5 卷在两边". 为求 $P(A_1)$, 注意到第 1 卷在左端共有 4! 个样本点, 第 1 卷在右端也有 4! 个样本点, 故 $P(A_1) = 2 \cdot 4!\Big/5! = \frac{2}{5}$, 显然 $P(A_5) = P(A_1) = \frac{2}{5}$. 而 $P(A_1A_5) = P(A) = \frac{1}{10}$. 于是所求的事件 B:"第 1 卷或第 5 卷在两边", 可表示为 $B = A_1 \cup A_5$. 故

$$P(B) = P(A_1 \cup A_5) = P(A_1) + P(A_5) - P(A_1A_5)$$
$$= \frac{2}{5} + \frac{2}{5} - \frac{1}{10} = \frac{7}{10}.$$

(iii) 事件 C:"第 1 卷及第 5 卷都不出现在旁边", 可表示为 $C = \overline{A}_1 \cap \overline{A}_5$, 所以

$$P(C) = P\left(\overline{A}_1 \cap \overline{A}_5\right) = 1 - P(A_1 \cup A_5) = \frac{3}{10}.$$

(iv) 事件 D:"自左向右或自右向左的卷号恰好是 1,2,3,4,5", 只含 2 个样本点, 故

$$P(D) = \frac{2}{5!} = \frac{1}{60}.$$

7. 某城市有 N 辆汽车, 车号为 1 到 N. 某人把遇到的 $n(n \leqslant N)$ 辆车的号码抄下 (可能重复抄到某车号), 试求下列事件的概率:

(i) 抄到的 n 个号码全不同;

(ii) 抄到的 n 个号码不含 1 和 N;

(iii) 抄到的最大车号不大于 $K(1 \leqslant K \leqslant N)$;

(iv) 抄到的最大车号恰好为 $K(1 \leqslant K \leqslant N)$.

解 随机试验为记下 n 辆车的车号, 由于每辆车车号都有 N 个可能, 故 Ω 中共有 N^n 个样本点.

(i) 事件 A:"抄到的 n 个号码全不相同", 故 A 中共有 P_N^n 个样本点, 于是

$$P(A) = \frac{\mathrm{P}_N^n}{N^n};$$

(ii) 事件 B:"抄到的 n 个号码不含 1 和 N", 即每次抄到的号码都有 $N-2$ 个可能, 故事件 B 中共含 $(N-2)^n$ 个样本点, 于是

$$P(B) = \frac{(N-2)^n}{N^n};$$

(iii) 事件 C:"抄到的最大车号不大于 $K(1 \leqslant K \leqslant N)$", 即每次抄到的车号有 K 个可能, 故事件 C 中共含 K^n 个样本点, 于是

$$P(C) = \frac{K^n}{N^n};$$

(iv) 事件 D:"抄到的最大车号恰好为 $K(1 \leqslant K \leqslant N)$" 相当于从 "抄到的最大车号不大于 K" 减去 "抄到的车号不大于 $K-1$" 所得到的事件, 故 D 中样本点个数为 $K^n - (K-1)^n$, 于是

$$P(D) = \frac{K^n - (K-1)^n}{N^n}.$$

8. 袋中有标号为 $1, 2, \cdots, N$ 的卡片. 依次从袋中取一卡片 (取后放回), 取了 n 次, 记下的号码依次为 $x_1, x_2, \cdots, x_n$, 试求下列事件的概率:

(i) $x_1 > x_2 > \cdots > x_n$;

(ii) $x_1 \geqslant x_2 \geqslant \cdots \geqslant x_n$.

解   由于取后放回故每次取都有 N 种可能, 故随机试验共有 N^n 个样本点.

(i) 事件 A:"记下的号码 $x_1 > x_2 > \cdots > x_n$" 表明全不相同, 但只能有一种次序, 这相当于从 N 个元素中取 n 个为一组的组合数, 故 A 中共含有 C_N^n 个样本点, 于是

$$P(A) = \mathrm{C}_N^n / N^n;$$

(ii) 事件 B:"记下号码为 $x_1 \geqslant x_2 \geqslant x_3 \geqslant \cdots \geqslant x_n$" 表明从 N 个元素中取出 n 个为一组但允许重复, 这是允许重复组合, 故 B 中共含有 $\mathrm{C}_{N+n-1}^n / N^n$ 个样本点, 于是

$$P(B) = \mathrm{C}_{N+n-1}^n / N^n.$$

9. 5 双不同的手套中任取 4 只, 试问其中至少有 2 只配成一双的概率多大?

随机试验为从 10 只手套中任取 4 只, 故 Ω 共有 C_{10}^4 个样本点.

解法 1　事件 A:"至少有 2 只配成一双"表示 A_1:"恰有 2 只配成一双"与 A_2:"恰有 4 只配成两双"的和, 且 $A_1 A_2 = \varnothing$, 于是

$$P(A) = P(A_1) + P(A_2).$$

由于 A_2 为 4 只恰为两双, 它可从 5 双中取出两双得到, 故共有 C_5^2 个样本点. 为计算 A_1 中样本点的个数, 先从 5 双中取 1 双, 共有 C_5^1 种取法, 另外 2 只只能从其余 8 只中取, 共有 C_8^2 种取法, 但要去掉这 2 只也成双的情况, 故 A_2 中共含样本点数为 $C_5^1 \left(C_8^2 - C_4^1 \right)$, 于是

$$P(A) = P(A_1) + P(A_2) = \frac{C_5^2 + C_5^1 \left(C_8^2 - C_4^1 \right)}{C_{10}^4} = \frac{13}{21}.$$

解法 2　先考虑 A 的对立事件 $\overline{A}$:"取出 4 只全不配对". 为计算 $\overline{A}$ 中样本点个数, 可以先从 5 双中任取 4 双, 共有 C_5^4 种取法, 再从取出的每双中各取 1 只, 由于在一双中取 1 只共有 C_2^1 种取法, 故共有 $C_2^1 \cdot C_2^1 \cdot C_2^1 \cdot C_2^1 = 2^4$ 种取法, 故 $\overline{A}$ 中共有样本点数为 $C_5^4 2^4$ 个, 于是

$$P(A) = 1 - P(\overline{A}) = 1 - \frac{C_5^4 2^4}{C_{10}^4} = \frac{13}{21}.$$

解法 3　把随机试验改为从编号为 $1,2,\cdots,10$ 的 10 只手套中依次取出 4 只, 于是 Ω 共含有 $P_{10}^4 = 10 \cdot 9 \cdot 8 \cdot 7$ 个样本点. 为求 $\overline{A}$ 中的样本点数, 注意到第 1 只可任意取, 共有 10 种取法, 第 2 只只能从剩下的 9 只并除去与第 1 只配对的那只而得的 8 只中任取 1 只, 故有 8 种取法, 同理第 3 只有 6 种取法, 第 4 只有 4 种取法, 所以 $\overline{A}$ 中共含 $10 \cdot 8 \cdot 6 \cdot 4$ 个样本点, 于是

$$P(A) = 1 - P(\overline{A}) = 1 - \frac{10 \cdot 8 \cdot 6 \cdot 4}{10 \cdot 9 \cdot 8 \cdot 7} = \frac{13}{21}.$$

10. (i) 500 人中至少有 1 人的生日是元旦的概率多大? (一年按 365 天计算)

(ii) 5 个人中至少有两个人的生日在同一个月的概率多大?

解　(i) 随机试验为观察 500 人中每人的生日, 每人都有 365 种可能, 故 Ω 中共有 365^{500} 个样本点. 我们考虑事件 A:"500 人中至少有 1 人的生日是元旦"的对立事件 $\overline{A}$:"500 人每人的生日都不是元旦". 为计算 $\overline{A}$ 中样本点个数, 注意到每个人的生日除去元旦都有 364 种可能, 故 $\overline{A}$ 中共含有 364^{500} 个样本点, 于是

$$P(A) = 1 - P(\overline{A}) = 1 - \frac{364^{500}}{365^{500}}.$$

还有一个解法: 事件 A_k: "500 人中恰有 k 个人生日是元旦" 中样本点个数为 $C_{500}^k(364)^{500-k}$, 故 $P(A_k) = \dfrac{C_{500}^k 364^{500-k}}{365^{500}}$, 于是

$$P(A) = P\left(\bigcup_{k=1}^{500} A_k\right) = \sum_{k=1}^{500} P(A_k) = \sum_{k=1}^{500} C_{500}^k (C_{365}^1)^k (C_{365}^{364})^{500-k},$$

由于 $\displaystyle\sum_{k=0}^{500} C_{500}^k (C_{365}^1)^k (C_{365}^{364})^{500-k} = \left(\dfrac{1}{365} + \dfrac{364}{365}\right)^{500} = 1$, 故

$$P(A) = 1 - C_{500}^0 (C_{365}^1)^0 (C_{365}^{364})^{500-0} = 1 - (C_{365}^{364})^{500}.$$

(ii) 随机试验为观察 5 个人每人的生日所在的月份, 每人生日都有 12 个可能, 故 Ω 中共有 12^5 个样本点. 考虑事件 A: "5 人中至少有两个人的生日在同一个月" 的对立事件 $\overline{A}$: "5 人中每人生日都在不同月". 事件 $\overline{A}$ 中共含有 $P_{12}^5 = 12 \cdot 11 \cdot 10 \cdot 9 \cdot 8$ 个样本点, 于是

$$P(A) = 1 - P(\overline{A}) = 1 - \dfrac{P_{12}^5}{12^5}.$$

11. (续例 1.3.5) 试求传统型 "10 选 6+1" 彩票中, 得中四, 五, 六等奖的概率各是多少? 注意, 单注高级奖不能兼得低级奖.

以 "$abcdef + g$" 为中奖号码, 中奖等级如下:

四等奖 (选 7 中 4) $abcd**, *bcde*, **cdef$;

五等奖 (选 7 中 3) $abc***, *bcd**, **cde*, ***def$;

六等奖 (选 7 中 2) $ab****, *bc***, **cd**, ***de*, ****ef$,

其中 "$*$" 表示未选中的号码.

解 考虑中四等奖情况为 $abcd\overline{e}*, *\overline{b}cdef, \overline{a}bcd\overline{e}f$, 其中 $\overline{e}$ 表示不能是 e, 于是得四等奖共有 $C_9^1 C_{10}^1 + C_9^1 C_{10}^1 + C_9^1 C_9^1$ 种可能, 而 Ω 中共有 10^6 个样本点, 故得四等奖的概率为

$$P_4 = \dfrac{2C_9^1 C_{10}^1 + C_9^1 C_9^1}{10^6} = 2.61 \times 10^{-4}.$$

中五等奖为 $abc\overline{d}**, **\overline{c}def, \overline{a}bcd\overline{e}f, a\overline{b}cd\overline{e}\overline{f}$, 所以中五等奖共有 $2C_9^1 C_{10}^1 C_{10}^1 + 2C_9^1 C_9^1 C_{10}^1$ 种可能, 故

$$P_5 = \dfrac{2C_9^1 C_{10}^1 C_{10}^1 + 2C_9^1 C_9^1 C_{10}^1}{10^6} = 3.42 \times 10^{-3}.$$

中六等奖为 $ab\overline{c}***, \overline{a}bc\overline{d}**, *\overline{b}cd\overline{e}*, **\overline{c}de\overline{f}, ***\overline{d}ef$, 有 5 种情形.

$ab\overline{c}***$ 有 $C_9^1 C_{10}^1 C_{10}^1 C_{10}^1$ 种可能. 但要去掉下面出现的重复计数的情况: $ab\overline{c}de\overline{f}$, $ab\overline{c}\overline{d}ef$, $ab\overline{c}def$, 它们分别有 $C_9^1 C_9^1, C_9^1 C_9^1, C_9^1$ 种可能;

$\overline{a}bc\overline{d}**$ 有 $C_9^1C_9^1C_{10}^1C_{10}^1$ 种可能, 但要去掉 $\overline{a}bc\overline{d}ef$, 它有 $C_9^1C_9^1$ 种可能;

$*\overline{b}cd\overline{e}*$ 有 $C_{10}^1C_9^1C_9^1C_{10}^1$ 种可能;

$**\overline{c}de\overline{f}$ 有 $C_{10}^1C_{10}^1C_9^1C_9^1$ 种可能;

$***\overline{d}ef$ 有 $C_{10}^1C_{10}^1C_{10}^1C_9^1$ 种可能, 但要去掉 $abc\overline{d}ef$, 它有 C_9^1 种可能.

故中六等奖的概率为

$$P_6 = \Big[\, 2C_{10}^1C_{10}^1C_{10}^1C_9^1 + 3C_9^1C_9^1C_{10}^1C_{10}^1 - 3C_9^1C_9^1 - 2C_9^1 \Big]/10^6$$
$$= 4.2039 \times 10^{-2}.$$

注意本题的计算中要考虑"单注高级奖不能兼得低级奖"的规定, 特别是中六等奖的计算, 要去掉重复计数的情况.

12. 某彩票共发出编号为 0000 到 9999 的一万张, 其中有 5 张是一等奖, 一个人共买了 10 张, 试问他得一等奖 (即至少 1 个) 的概率多大?

解　随机试验为从 10000 张彩票中任选 10 张, 故 Ω 中共有 C_{10000}^{10} 个样本点, 考虑事件 A: "至少中 1 个一等奖"的对立事件 $\overline{A}$: "10 张全不是一等奖". 由于一等奖只有 5 张, 10 张全不是一等奖意味着这 10 张是从另外的 9995 张非一等奖的彩票中抽取的, 故 $\overline{A}$ 中共含有 C_{9995}^{10} 个样本点, 于是

$$P(A) = 1 - P(\overline{A}) = 1 - \frac{C_{9995}^{10}}{C_{10000}^{10}}.$$

13. 盒中有 4 只次品晶体管, 6 只正品晶体管, 随机的逐个取出测试, 直到 4 只次品晶体管都找到为止. 试求第 4 只次品晶体管在 (i) 第 5 次测试发现;(ii) 第 10 次测试时发现的概率.

解　(i) 随机试验为把已经编号的 10 只晶体任取 5 只排成一列, 故 Ω 中共有 P_{10}^5 个样本点. 事件 A: "第 4 只次品晶体管在第 5 次测试中发现", 意味着前 3 只次品晶体管在前 4 次测试中发现, 而第 5 次测试中是次品, 前 5 次测试依次为"次, 次, 次, 正, 次"由乘法原理共有 $C_4^1C_3^1C_2^1 \cdot C_6^1C_1^1$ 种可能; 同样"次, 次, 正, 次, 次""次, 正, 次, 次, 次""正, 次, 次, 次, 次"也分别有 $C_4^1C_3^1C_2^1C_6^1C_1^1$ 种可能. 于是事件 A 中共含有 $4C_4^1C_3^1C_2^1C_6^1C_1^1$ 个样本点. 故

$$P(A) = \frac{4C_4^1C_3^1C_2^1C_6^1C_1^1}{10 \cdot 9 \cdot 8 \cdot 7 \cdot 6} = \frac{2}{105}.$$

本题还可以利用条件概率和乘法定理求解. 记 A_i 为"第 i 次测试为次品", $i = 1, 2, 3, 4, 5$. 那么

$$A = (A_1A_2A_3\overline{A}_4A_5) \cup (A_1A_2\overline{A}_3A_4A_5) \cup (A_1\overline{A}_2A_3A_4A_5) \cup (\overline{A}_1A_2A_3A_4A_5),$$

由乘法定理,

$$P(A_1 A_2 A_3 \overline{A}_4 A_5)$$

$$= P(A_1)P(A_2 \mid A_1)P(A_3 \mid A_1 A_2)P(\overline{A}_4 \mid A_1 A_2 A_3)P(A_5 \mid A_1 A_2 A_3 \overline{A}_4)$$

$$= \frac{4}{10} \cdot \frac{3}{9} \cdot \frac{2}{8} \cdot \frac{6}{7} \cdot \frac{1}{6}$$

$$= \frac{1}{210}.$$

同理,

$$P(A_1 A_2 \overline{A}_3 A_4 A_5) = P(A_1 \overline{A}_2 A_3 A_4 A_5) = P(\overline{A}_1 A_2 A_3 A_4 A_5) = \frac{1}{210},$$

所以

$$P(A) = P(A_1 A_2 A_3 \overline{A}_4 A_5) + P(A_1 A_2 \overline{A}_3 A_4 A_5)$$

$$+ P(A_1 \overline{A}_2 A_3 A_4 A_5) + P(\overline{A}_1 A_2 A_3 A_4 A_5)$$

$$= \frac{4}{210} = \frac{2}{105}.$$

(ii) 随机试验为把已经编号的 10 只晶体管全部取出排成一列, 故 Ω 中共有 P_{10}^{10} 个样本点. 事件 B: "第 4 只次品晶体管在第 10 次测试中发现", 与 (i) 中完全类似, 为计算 B 中样本点的个数, B 表示在前 9 次中发现 3 只次品和 6 只正品, 这共有 C_9^3 种情况. 每一种情况都有 $\mathrm{C}_4^1 \mathrm{C}_3^1 \mathrm{C}_2^1 \mathrm{C}_6^1 \mathrm{C}_5^1 \mathrm{C}_4^1 \mathrm{C}_3^1 \mathrm{C}_2^1 \mathrm{C}_1^1$ 种可能. 所以 B 中样本点总数为 $\mathrm{C}_9^3 \mathrm{C}_4^1 \mathrm{C}_3^1 \mathrm{C}_2^1 \mathrm{C}_6^1 \mathrm{C}_5^1 \mathrm{C}_4^1 \mathrm{C}_3^1 \mathrm{C}_2^1$, 所以

$$P(B) = \frac{\mathrm{C}_9^3 6! \, 4!}{10!} = \frac{2}{5}.$$

读者还可以与 (i) 同样用条件概率和乘法公式求解.

14. 从一副扑克牌 (共 52 张) 中一张一张的取牌, 求第 r 次取牌时首次取得 A 的概率和第二次取得 A 的概率.

解　随机试验为从 52 张牌中依次取出 r 张排成一列, 故 Ω 中共有 P_{52}^r 个样本点. 事件 A: "第 r 次取牌时首次取到 A" 意味着前 $r-1$ 次取牌是从除去 4 个 A 的 48 张牌中取的, 而第 r 次取的 A 是从 4 个 A 中任取的一张, 故 A 中样本点个数为 $\mathrm{P}_{48}^r \cdot \mathrm{C}_4^1$, 于是

$$P(A) = \frac{\mathrm{C}_4^1 \mathrm{P}_{48}^{r-1}}{\mathrm{P}_{52}^r}.$$

事件 B:"第 r 次取牌时第二次取得 A" 意味着前 $r-1$ 次取牌中有 $r-2$ 次是从除去 4 个 A 的 48 张牌中取的, 而在前 $r-1$ 次取牌中有一次是从 4 个 A 中取的, 第 r 次是从剩下的 3 个 A 中取的, 故 B 中样本点个数为 $P_{48}^{r-2}C_{r-1}^1C_4^1C_3^1$, 于是

$$P(B) = \frac{P_{48}^{r-2}C_{r-1}^1C_4^1C_3^1}{P_{52}^r}.$$

15. 15 个新生平均分配到 3 个班, 这批新生中有 3 名一级运动员, 试求下列事件的概率:

(i) 每个班都有一名一级运动员;

(ii) 3 名一级运动员分到一个班.

解　随机试验为把 15 个新生平均分到 3 个班中去, 即一班 5 人, 二班 5 人, 3 班 5 人, 故 Ω 中共有 $\dfrac{15!}{5!\,5!\,5!}$ 个样本点.

(i) 事件 A: "每个班都有 1 名一级运动员" 可以先把 3 名一级运动员每班 1 名分完, 共有 $P_3^3 = 3!$ 种分法, 再将剩下的 12 名新生平均分到 3 个班中去, 共有 $\dfrac{12!}{4!\,4!\,4!}$ 种分法, 于是

$$P(A) = \frac{3!\dfrac{12!}{4!\,4!\,4!}}{\dfrac{15!}{5!\,5!\,5!}} = \frac{25}{91}.$$

(ii) 事件 B: "3 名一级运动员分到 1 个班" 可以先选出 1 个班安排 3 名 1 级运动员, 共有 C_3^1 种方法. 再将剩下的 12 人按分得一级运动员的班去 2 人, 其余两个班各 5 人分配, 共有 $\dfrac{12!}{2!\,5!\,5!}$ 种方法, 故

$$P(B) = \frac{C_3^1\dfrac{12!}{2!\,5!\,5!}}{\dfrac{15!}{5!\,5!\,5!}} = \frac{6}{91}.$$

16. 自动机加工橡皮垫圈. 制成的垫圈的厚度在设计尺寸的上下随机的波动, 大于设计尺寸的是厚垫圈, 不大于设计尺寸的是薄垫圈, 连续测量 20 个垫圈发现中间有一个厚垫圈的 12 连贯出现 (开始和最后一个都是薄垫圈), 试求这一事件的概率. 这一概率说明什么现象.

解　厚垫圈用 1 表示, 薄垫圈用 0 表示, 随机试验为写出由 0 或 1 组成的一个 20 个元的序列, 但 0 与 0 之间,1 与 1 之间都看作是没有区别的. 于是 Ω 共有 2^{20} 个样本点. 由于开始和最后一个都是 0. 记 $\triangle$ 为 "0 $\underbrace{1\cdots1}_{12\text{个}1}$0". 那么事件 A: "中

间有一个 1 的 12 连贯"可以如下计算其样本点的个数."$\triangle*****0$"中 * 表示可以是 0 或 1, 有 2^5 种可能, "$0*****\triangle$"也有 2^5 种可能. 如 $\triangle$ 不在两端出现, 两端必须是 0, $\triangle$ 在中间可有 5 种情况, 如"$0*\triangle***0$"可有 2^4 种可能, 故 $\triangle$ 不在两端出现共有 $5 \cdot 2^4$ 种可能, 所以

$$P(A) = \frac{2 \cdot 2^5 + 5 \cdot 2^4}{2^{20}} = \frac{9}{2^{16}} \approx 0.000138.$$

由于 $P(A)$ 数值非常小, 即 20 次测量中出现厚线圈的 12 连贯是小概率事件. 如此小的概率的出现说明生产过程出现了异常, 必须检查生产过程出现的问题.

17. 信号发生器随机地连续发出信号"0"或"1", 共发出 15 个信号, 试求信号中有 2 个"0 0", 3 个"0 1", 4 个"1 0", 5 个"1 1"的概率. 例如"0 0 1 1 1 0"中有 1 个"0 0", 1 个"0 1", 一个"1 0", 2 个"1 1".

解法 1 发出 15 个信号, 每个信号都是 0 或 1 有 2 种可能, 故 Ω 共有 2^{15} 个样本点. 考虑事件 A:"有 2 个 '0 0', 3 个 '0 1', 4 个 '1 0', 5 个 '1 1'"是如何出现的. 有两种可能如下:

(a) $1 \cdots 10 \cdots 01 \cdots 10 \cdots 01 \cdots 10 \cdots 010$;

(b) $0 \cdots 01 \cdots 10 \cdots 01 \cdots 10 \cdots 01 \cdots$.

(b) 的情况不可能发生, 因为其中 3 个 '0 1' 但只有 2 个 '1 0'. 故只能是情形 (a). 在 (a) 中第 1 个信号是 1, 最后 1 个信号为 0. 由条件 2 个 '0 0', 3 个 '0 1', 4 个 '1 0', 5 个 '1 1' 可知序列中 0 的计数为 $2 \times 2 + 3 + 4 = 11$, 而 1 的计数为 $3 + 4 + 5 \times 2 = 17$. 但第 1 个 1 和最后 1 个 0 都只计数 1 次, 而中间的 0,1 都计数 2 次, 故可知序列中共有 $\frac{11-1}{2} + 1 = 6$ 个 0, $\frac{17-1}{2} + 1 = 9$ 个 1.

9 个 1 之间有 8 个空位, 最后一个 0 前有一个空位, 空位分别用 $\triangle$, $\square$ 表示为

$$1\triangle1\triangle1\triangle1\triangle1\triangle1\triangle1\triangle1\square0,$$

现把剩下的 5 个 0 放入空位, 分 3 种情况:(1)0 前面的 $\square$ 不放, 此时 5 个 0 可分为 2,2,1 或 3,1,1 三组插入 8 个 $\triangle$ 中的 3 个. 共有 $2 \cdot C_8^3 C_3^1$ 种可能;(2)$\square$ 中放 1 个 0, 此时剩下的 4 个 0 分 2,1,1 三组插入 8 个 $\triangle$ 中的 3 个, 共有 $C_8^3 C_3^1$ 种可能; (3)$\square$ 中放 2 个 0, 此时剩下的 3 个 0 放入 8 个 $\triangle$ 中的 3 个, 共有 C_8^3 种可能. 由加法原理, 知事件 A 中共有

$$2C_8^3 C_3^1 + C_8^3 C_3^1 + C_8^3 = 560$$

个样本点, 故

$$P(A) = \frac{560}{2^{15}} = \frac{35}{2048}.$$

解法 2　同解法 1 的分析, 知只有在 a) 中可能出现 A. 为计算 A 中样本点个数, 将 A 中的序列表示成

$$\underbrace{1\cdots1}_{n_1\text{个}}\underbrace{0\cdots0}_{m_1\text{个}}\underbrace{1\cdots1}_{n_2\text{个}}\underbrace{0\cdots0}_{m_2\text{个}}\underbrace{1\cdots1}_{n_3\text{个}}\underbrace{0\cdots0}_{m_3\text{个}}\underbrace{1\cdots1}_{n_4\text{个}}\underbrace{0\cdots0}_{m_4\text{个}}$$

其中 $n_i \geqslant 1$, $m_i \geqslant 1$, $i = 1, 2, 3, 4$. 注意 n_i 个 1 有 $n_i - 1$ 个 '11', m_i 个 0 有 $m_i - 1$ 个 '00', $i = 1, 2, 3, 4$. 由条件

$$(n_1 - 1) + (n_2 - 1) + (n_3 - 1) + (n_4 - 1) = 5 \quad (5\text{个 '11'})$$

$$(m_1 - 1) + (m_2 - 1) + (m_3 - 1) + (m_4 - 1) = 2 \quad (2\text{个 '00'})$$

可知 5 个 '11' 的放法数为 $x_1 + x_2 + x_3 + x_4 = 5$ 的非负整数解个数. 由可重复组合公式知为 $C_{4+5-1}^5 = C_8^5$; 而 2 个 '00' 的放法数为 $x_1 + x_2 + x_3 + x_4 = 2$ 的非负整数解个数, 为 $C_{4+2-1}^2 = C_5^2$. 这时 3 个 '01', 4 个 '10' 自然是满足的. 故事件 A 中样本点总数为 $C_8^5 C_5^2 = 560$, 所以 $P(A) = \dfrac{560}{2^{15}}$.

18. 10 个人中有一对夫妇, 他们随意的坐在一张圆桌周围, 试求这对夫妇正好坐在相邻位置的概率多大?

解　这是一个环形排列的问题. 随机试验为 10 个人围成一圈, 故 Ω 中共有 9! 个样本点. 事件 A: "一对夫妇坐在相邻位置" 可以把夫妇二人视为一组, 与其他 8 人共 9 个元素做环形排列共有 8! 种可能, 夫妇二人交换位置有两种可能, 故 A 中共有 $2 \cdot 8!$ 个样本点, 故

$$P(A) = \frac{2 \cdot 8!}{9!} = \frac{2}{9}.$$

19. 8 个女生, 25 个男生随意的围成一圈, 试求每两个女生之间至少有两个男生的概率.

随机试验为 33 个人围成一圈, 故 Ω 共有 32! 个样本点. 为求事件 A: "每两个女生之间至少有两个男生" 中样本点的个数, 有下面几种方法.

解法 1　"男女男" 为一组, 共有 8 组, 与剩下的 $25 - 2 \times 8 = 9$ 个男生可看成是 17 个元素. 这 17 个元素的任一圆排列是符合题意的. 先从 25 个男生中选出 9 个人有 C_{25}^9 种可能, 其次上述 17 个元素的圆排列为 16!, 最后, 分在 8 个组内的 16 个男生在 16 个位置上的排列数为 16!. 所以 A 中样本点的个数为 $C_{25}^9 16! \, 16!$, 于是

$$P(A) = \frac{C_{25}^9 16! \, 16!}{32!} = \frac{25! \, 16!}{9! \, 32!}.$$

解法 2　"女男男" 为一组, 与剩下的 9 个男生可看成 17 个元素. 第 1 组固定, 还有 16 个位置选 7 个放 "女男男" 3 人组, 其余的放 9 个男生. 这样得到的排列

符合题意. 首先 16 个位置选 7 个位置有 C_{16}^7 种可能, 其次每一排列中 7 个女生全排列有 7! 种可能, 25 个男生全排列有 25! 种可能. 故 A 中样本点总数为 $C_{16}^7 7! 25!$, 于是

$$P(A) = \frac{C_{16}^7 7! 25!}{32!} = \frac{16! \, 25!}{9! \, 32!}.$$

解法 3　以 8 个女生为组长, 25 个男生分入这 8 个组, 且记各组男生数为 $x_1, x_2, \cdots, x_8$. 显然有

$$x_1 + x_2 + \cdots + x_8 = 25,$$

其中 $x_i \geqslant 2$, $i = 1, 2, \cdots, 8$. 将此方程化为

$$(x_1 - 2) + (x_2 - 2) + \cdots + (x_8 - 2) = 9,$$

记 $y_i = x_i - 2$, $i = 1, 2, \cdots, 8$, 即得到

$$y_1 + y_2 + \cdots + y_8 = 9,$$

其中 $y_i \geqslant 0$, $i = 1, 2, \cdots, 8$. 这个方程非负整数解的个数为 C_{8+9-1}^9, 这就是 25 个男生分入 8 个组分法总数. 其次这 8 个组的圆排列数为 7!. 这 25 个男生的全排列数为 25!, 故 A 中样本点个数为 $C_{16}^7 7! 25!$. 于是结果与解法 2 相同.

20. 袋中有标号 0 至 9 的 10 张卡片, 从袋中依次取出 4 张.

(i) 若每次取后不放回, 试问这 4 个数能构成一个 4 位偶数的概率是多少?

(ii) 若每次取后放回, 试问这 4 个数的和是 12 的概率多大?

解　(i) 随机试验为依次取出 4 张排成一列, 故 Ω 中共有 P_{10}^4 个样本点. 要求事件 A: "构成 4 位偶数" 中样本点的个数, 可先从 0,2,4,6,8 中任取一个作为个位数, 再从余下的 9 个数中取 3 个作为前 3 位数. 这共有 $C_5^1 P_9^3$ 种可能. 但要去掉 0 作千位数的情形, 即个位数从 2,4,6,8 中任取 1 个, 而 0 是千位数, 其余两位从剩下 8 个数中任选的情形, 这种情形共有 $C_4^1 P_8^2$ 种可能, 故 A 中样本点总数为 $C_5^1 P_9^3 - C_4^1 P_8^2$, 于是

$$P(A) = \frac{C_5^1 P_9^3 - C_4^1 P_8^2}{P_{10}^4}.$$

(ii) 随机试验为任取 4 个数但取后放回, 故 Ω 共有 10^4 个样本点. 事件 B: "4 个数之和为 12" 中样本点的个数与方程

$$x_1 + x_2 + x_3 + x_4 = 12,$$

$0 \leqslant x_i \leqslant 9$, $i = 1, 2, 3, 4$ 的整数解的个数相同. 而上述解的个数恰好等于 $(1 + x + \cdots + x^9)^4$ 展开式中 x^{12} 的系数. 由于

$$(1 + x + \cdots + x^9)^4$$
$$= \left(\frac{1 - x^{10}}{1 - x}\right)^4 = (1 - x^{10})^4 (1 - x)^{-4}$$
$$= (1 - 4x^{10} + \cdots)(1 + 4x + C_{-4}^2(-x)^2 + \cdots + C_{-4}^{12}(-x)^{12} + \cdots),$$

可见 x^{12} 的系数为 $-4 \cdot C_{-4}^2 + C_{-4}^{12} = 415$, 即 B 中样本点的个数为 415, 于是

$$P(B) = \frac{415}{10^4}.$$

21. 两人约定于中午 12 点至 13 点在某地会面, 假设每人在这段时间内每个时刻到达都是等可能的, 且事先约定先到者等 20 分钟就可离去. 试求两人能会面的概率.

解　用 x, y 分别表示两人到达时刻 (12 时 x 分, 12 时 y 分). 问题可看作向平面区域 $\Omega = \{(x, y), 0 \leqslant x \leqslant 60, 0 \leqslant y \leqslant 60\}$ 内投点. 由于两人可分别 "等可能" 地在任何时刻到达. 故问题可看作几何概型问题.

事件 A: "两人能会面" 就是图 1-1 中的阴影部分 $\{(x, y), |x - y| \leqslant 20\}$, 所以

$$P(A) = \frac{A的面积}{\Omega的面积} = \frac{2000}{3600} = \frac{5}{9}.$$

22. 两艘轮船在同一个码头装卸货物, 它们在一昼夜的时间内任一时刻到达码头都是等可能的. 第一艘轮船停留时间为 1 小时, 第 2 艘轮船停留时间为 2 小时, 试求一艘轮船到达时要在码头外等待另一艘装完货离开码头的概率.

解　设第一艘船到达码头的时间为 x, 第二艘船到达码头的时间为 y. 随机试验可看作是向平面区域 $\Omega = \{(x, y), 0 \leqslant x \leqslant 24, 0 \leqslant y \leqslant 24\}$ 内投点. 由它们在一昼夜的时间内任一时刻到达都是等可能的, 所以这是一个几何概型的问题. 事件 A: "一艘船到达时要等待另一艘船装完货离开" 意味着若甲先到, 乙在甲到达后 1 小时内到达或者乙先到而甲在乙到达后 2 小时内到达.

图 1-2 中阴影部分

$$A = \{(x, y), 0 \leqslant y - x \leqslant 1 或 0 \leqslant x - y \leqslant 2\},$$

所以

$$P(A) = \frac{A的面积}{\Omega的面积} = \frac{24^2 - \dfrac{23^2}{2} - \dfrac{22^2}{2}}{24^2} = 0.121.$$

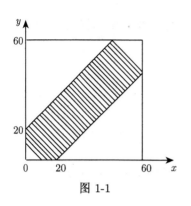

图 1-1

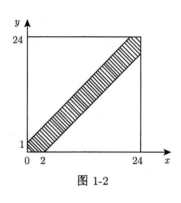

图 1-2

23. 随机地取出两个正的真分数, 其积不大于 $\dfrac{2}{9}$, 试求其和不大于 1 的概率.

解   随机地取出两个正的真分数为 x, y, 即 $\Omega = \{(x, y), 0 < x < 1, 0 < y < 1\}$ 是此随机试验的样本空间. 事件 A: "其积不大于 $\dfrac{2}{9}$, 其和不大于 1", 即

$$A = \left\{(x, y), 0 < xy \leqslant \frac{2}{9}, x + y \leqslant 1\right\}.$$

A 就是图 1-3 中阴影部分. 解 $xy = \dfrac{2}{9}, x + y = 1$, 可得两个交点的横坐标为 $\dfrac{1}{3}$ 和 $\dfrac{2}{3}$, 于是 A 的面积为

$$\frac{1}{3} + \int_{\frac{1}{3}}^{\frac{2}{3}} \frac{2}{9x} \mathrm{d}x = \frac{1}{3} + \frac{2}{9} \ln 2,$$

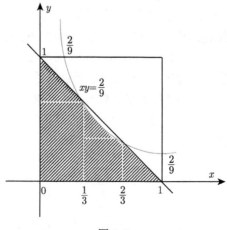

图 1-3

所以
$$P(A) = \frac{A\text{的面积}}{B\text{的面积}} = \frac{1}{3} + \frac{2}{9}\ln 2 = 0.487.$$

24. 设 A, B 相互独立，$P(A \cup B) = 0.6, P(B) = 0.4$，求 $P(A)$.

解　由于 A 与 B 相互独立，故 $P(AB) = P(A)P(B)$. 由

$$P(A \cup B) = P(A) + P(B) - P(AB),$$

代入已知条件可得

$$0.6 = P(A) + 0.4 - 0.4P(A).$$

由此可知

$$P(A) = \frac{1}{3}.$$

25. 设 A, B 相互独立，若 A 和 B 都不出现的概率为 $\frac{1}{9}$，而且 A 出现 B 不出现与 B 出现 A 不出现的概率相等，试求 A 的概率.

解　由 A 与 B 相互独立，故由条件 $P(A\overline{B}) = P(A)P(\overline{B})$ 可得

$$P(A)P(\overline{B}) = P(\overline{A})P(B)$$

或者

$$P(A)(1 - P(B)) = P(B)(1 - P(A)),$$

故知 $P(A) = P(B)$. 再由条件 $P(\overline{A}\,\overline{B}) = \frac{1}{9}$，知

$$P(\overline{A})P(\overline{B}) = \frac{1}{9},$$

此即

$$P(\overline{A})P(\overline{A}) = \frac{1}{9}.$$

由此可得 $P(\overline{A}) = \frac{1}{3}$，所以 $P(A) = \frac{2}{3}$.

26. 设两两独立的三事件 A, B, C 满足条件 $ABC = \varnothing, P(A) = P(B) = P(C) < \frac{1}{2}$，且已知 $P(A \cup B \cup C) = \frac{9}{16}$，求 $P(A)$.

解　由 A, B, C 两两独立和 $ABC = \varnothing$，知

$$P(A \cup B \cup C) = P(A) + P(B) + P(C) - P(A)P(B) - P(B)P(C) - P(C)P(A),$$

再由已知条件得

$$\frac{9}{16} = 3P(A) - 3(P(A))^2.$$

求解可得 $P(A) = \dfrac{1}{4}$ 或 $P(A) = \dfrac{3}{4}$, 但已知 $P(A) < \dfrac{1}{2}$, 故 $P(A) = \dfrac{1}{4}$.

27. 设 $P(A) > 0, P(B) > 0$, 证明: A 与 B 相互独立和 A 与 B 互不相容不能同时成立.

证明 若 A 与 B 互不相容, 则有 $P(AB) = P(\varnothing) = 0$. 因 $P(A) > 0, P(B) > 0$, 此时若还有 A 与 B 相互独立, 就推出

$$P(AB) = P(A)P(B) > 0,$$

与前面 $P(AB) = 0$ 矛盾.

28. 证明:

(i) 若 $P(A|B) > P(A)$, 则 $P(B|A) > P(B)$;

(ii) 若 $P(A|B) = P(A|\overline{B})$, 则事件 A 与 B 相互独立.

用直观的语言描述这两个命题.

(i) **证明** 由 $P(A|B) > P(A)$ 可得

$$\frac{P(AB)}{P(B)} > P(A),$$

这就是

$$\frac{P(AB)}{P(A)} > P(B),$$

也就是 $P(B \mid A) > P(B)$.

这一命题是说若在 B 发生的条件下 A 发生的条件概率大于 A 发生的概率, 则在 A 发生的条件下 B 发生的条件概率也必大于 B 发生的概率.

(ii) **证明** 由条件 $P(A \mid B) = P(A \mid \overline{B})$, 知

$$\frac{P(AB)}{P(B)} = \frac{P(A\overline{B})}{P(\overline{B})}$$

或

$$\frac{P(AB)}{P(A\overline{B})} = \frac{P(B)}{P(\overline{B})}.$$

上式两端同时加 1, 可得

$$\frac{P(A)}{P(A\overline{B})} = \frac{1}{P(\overline{B})},$$

即 $P(A)P(\overline{B}) = P(A\overline{B})$, 这说明 A 与 $\overline{B}$ 独立, 从而 A 与 B 相互独立.

这一命题是说如果 B 发生的条件下 A 发生的条件概率与 B 不发生的条件下 A 发生的条件概率相同, 换言之 B 发生或 B 不发生对 A 发生都不起作用, 则 A 与 B 相互独立.

29. 甲袋中装有 n 个白球, m 个黑球; 乙袋中装有 N 个白球, M 个黑球. 现从甲袋中任取一个球放入乙袋, 再从乙袋中任取一个球, 求从乙袋中取出的球是白球的概率.

解 要求事件 A: "从乙袋中取出的球是白球"的概率依赖于从甲袋放入乙袋的那个球的颜色. 记 H 为"从甲袋放入乙袋的球是白色". 则 H 与 $\overline{H}$ 是一个完备事件组, 且

$$P(H) = \frac{n}{n+m}, \quad P(\overline{H}) = \frac{m}{n+m}.$$

由全概率公式

$$P(A) = P(H)P(A \mid H) + P(\overline{H})P(A \mid \overline{H}).$$

注意到 $P(A \mid H)$ 是指从甲袋取出一个白球放入乙袋的条件下, 从乙袋出一球是白球的概率, 由于在 H 发生的条件下, 乙袋中共有 $N+M+1$ 个球, 而且其中有 $N+1$ 个白球, 故 $P(A \mid H) = \dfrac{N+1}{N+M+1}$. 同理可知 $P(A \mid \overline{H}) = \dfrac{N}{N+M+1}$, 所以

$$P(A) = \frac{n}{n+m} \cdot \frac{N+1}{N+M+1} + \frac{m}{n+m} \cdot \frac{N}{N+M+1}.$$

30. 两条小河被工厂废水污染, 第一条河被污染的概率为 $\dfrac{2}{5}$, 第二条河被污染的概率是 $\dfrac{3}{4}$. 已知每一天中至少有一条河被污染的概率为 $\dfrac{4}{5}$, 求第一条河被污染的条件下第二条河也被污染的概率和第二条河被污染的条件下第一条河也被污染的概率.

解 设 A 表示"第一条河被污染", B 表示"第二条河被污染", 由条件至少有一条河被污染的概率 $P(A \cup B) = \dfrac{4}{5}$, 且 $P(A) = \dfrac{2}{5}, P(B) = \dfrac{3}{4}$, 而

$$P(A \cup B) = P(A) + P(B) - P(AB),$$

故得

$$\frac{4}{5} = \frac{2}{5} + \frac{3}{4} - P(AB),$$

由此可知 $P(AB) = \dfrac{7}{20}$. 所以第一条河被污染的条件下第二条河也被污染的概率为

$$P(B \mid A) = \frac{P(AB)}{P(A)} = \frac{\frac{7}{20}}{\frac{2}{5}} = \frac{7}{8},$$

第二条河被污染的条件下第一条河也被污染的概率为

$$P(B \mid A) = \frac{P(AB)}{P(A)} = \frac{\frac{7}{20}}{\frac{3}{4}} = \frac{7}{15}.$$

31. 施工所需水泥来自两个公司. 甲公司每天供货 600 袋, 其中 3% 不符合质量标准; 乙公司每天供货 400 袋, 其中 1% 不符合质量标准. 随机的选出一袋进行检验, 它不符合质量标准的概率多大? 又问如果它不符合标准, 问它来自甲公司的概率多大?

解 设 $H =$"随机选出一袋是甲公司生产的", $\overline{H} =$"随机选出一袋是乙公司生产的", $A =$"经检验不符合质量标准". 由已知条件,

$$P(H) = \frac{600}{600 + 400} = 0.6, \quad P(\overline{H}) = 0.4, \quad P(A \mid H) = 0.03, \quad P(A \mid \overline{H}) = 0.01.$$

由全概率公式

$$\begin{aligned}
P(A) &= P(H)P(A \mid H) + P(\overline{H})P(A \mid \overline{H}) \\
&= 0.6 \cdot 0.03 + 0.4 \cdot 0.01 \\
&= 0.022.
\end{aligned}$$

在知道抽出的一袋水泥不符合标准的条件下, 求它是甲公司生产的概率即求 $P(H \mid A)$, 由贝叶斯公式

$$\begin{aligned}
P(H \mid A) &= \frac{P(H)P(A \mid H)}{P(H)P(A \mid H) + P(\overline{H})P(A \mid \overline{H})} \\
&= \frac{0.018}{0.022} = 0.818.
\end{aligned}$$

32. 要验收一批乐器, 共 100 件. 从中随机的取 3 件独立地进行测试, 3 件中任意一件经测试认为音色不纯, 这批乐器就被拒绝接受. 已知一件音色不纯的乐器经测试查出的概率为 0.95, 而一件音色纯的乐器经测试被误认为不纯的概率为 0.01. 现在知道这批乐器中有 4 件是音色不纯的, 问这批乐器被拒收的概率多大?

解 设 $H_i =$"随机抽取的 3 件中有 i 件是音色不纯的", $i = 0, 1, 2, 3$. H_0, H_1, H_2, H_3 是完备事件组. 为求 $P(H_i)$, 注意到随机试验是从 100 件乐器中随机地取出 3 件, 故 Ω 中共有 C_{100}^3 个样本点. H_i 是指 3 件中有 i 件音色是不纯的, 先从 4 件音色不纯的乐器中取 i 件, 再从 96 件音色纯的乐器中任取 $3 - i$ 件, 故 H_i 中共有 $C_4^i C_{96}^{3-i}$ 个样本点, $i = 0, 1, 2, 3$. 所以

$$P(H_i) = C_4^i C_{96}^{3-i} / C_{100}^3, \quad i = 0, 1, 2, 3.$$

设 $A =$"这批乐器被接受". 下面求 $P(A \mid H_i)$. 由于一件音色纯的乐器经测试被误认为不纯的概率为 0.01, 故一件音色纯的乐器经测试被认为是纯的概率为 0.99; 同样一件音色不纯的乐器经测试没有查出, 即认为是音色纯的概率为 0.05. 又因 3 件乐器的测试是独立进行的, 所以在 3 件中有 i 件不纯的条件下, $3 - i$ 件是纯的, 经测试 3 件全是色音纯的而被接受的概率为

$$P(A \mid H_i) = 0.05^i \cdot 0.99^{3-i}, \quad i = 0, 1, 2, 3.$$

由全概率公式

$$P(A) = \sum_{i=0}^{3} P(H_i)P(A \mid H_i)$$
$$= \sum_{i=0}^{3} \frac{C_4^i C_{96}^{3-i}}{C_{100}^3} \cdot 0.05^i \cdot 0.99^{3-i}$$
$$= 0.8629.$$

所以这批乐器被拒收的概率 $P(\overline{A}) = 1 - P(A) = 0.1371$.

33. 无线电通信中, 由于随机干扰, 当发出信号为 "•" 时收到信号为 "•", "不清", "−" 的概率分别为 0.7, 0.2, 0.1; 当发出信号 "−" 时收到信号为 "−", "不清", "•" 的概率分别为 0.9, 0.1, 0. 如果整个发报过程中 "•", "−" 出现的概率分别为 0.6 和 0.4, 试推测收到信号 "不清" 时, 最可能的原发信号是什么?

解　设 H 为发出信号 "•", $\overline{H}$ 为发出信号 "−". 由条件, $P(H)=0.6, P(\overline{H})=0.4$. 再令 A 为收到信号 "•", B 为收到信号 "−", C 为收到信号 "不清", 则已知条件用数学符号表示为 $P(A \mid H) = 0.7, P(B \mid H) = 0.1, P(C \mid H) = 0.2, P(A \mid \overline{H}) = 0, P(B \mid \overline{H}) = 0.9, P(C \mid \overline{H}) = 0.1$. 由贝叶斯公式

$$P(H \mid C) = \frac{P(H)P(C \mid H)}{P(H)P(C \mid H) + P(\overline{H})P(C \mid \overline{H})}$$
$$= \frac{0.6 \cdot 0.2}{0.6 \cdot 0.2 + 0.4 \cdot 0.1} = \frac{3}{4},$$
$$P(\overline{H} \mid C) = \frac{P(\overline{H})P(C \mid \overline{H})}{P(H)P(C \mid H) + P(\overline{H})P(C \mid \overline{H})}$$
$$= \frac{0.4 \cdot 0.1}{0.16} = \frac{1}{4}.$$

由于 $P(H \mid C) > P(\overline{H} \mid C)$, 故最可能的原发信号为 "•".

34. 获得某职业技能证书需在依次进行的 4 次考试中至少通过 3 次. 某人第一次考试通过的概率为 p, 按照他前一次考试通过或不通过, 下一次考试通过或不通过的概率为 p 或 $\frac{p}{2}$. 试问他获得证书的概率多大?

解　设 $A_i =$ "第 i 次考试通过", $i = 1, 2, 3, 4, B =$ "获得证书". 由于获得证书的条件是在依次进行的 4 次考试中至少通过 3 次, 故

$$B = (A_1 A_2 A_3) \cup (\overline{A}_1 A_2 A_3 A_4) \cup (A_1 \overline{A}_2 A_3 A_4) \cup (A_1 A_2 \overline{A}_3 A_4).$$

上式右端 4 个事件是互不相容的. 由乘法定理

$$P(A_1 A_2 A_3) = P(A_1)P(A_2 \mid A_1)P(A_3 \mid A_1 A_2)$$

$$= p \cdot p \cdot p = p^3,$$

$$P(\overline{A_1}A_2A_3A_4) = P(\overline{A_1})P(A_2 \mid \overline{A_1})P(A_3 \mid \overline{A_1}A_2)P(A_4 \mid \overline{A_1}A_2A_3)$$

$$= (1-p) \cdot \frac{p}{2} \cdot p \cdot p = \frac{1}{2}(1-p)p^3,$$

$$P(A_1\overline{A_2}A_3A_4) = P(A_1)P(\overline{A_2} \mid A_1)P(A_3 \mid A_1\overline{A_2})P(A_4 \mid A_1\overline{A_2}A_3)$$

$$= p \cdot (1-p) \cdot \frac{p}{2} \cdot p = \frac{1}{2}(1-p)p^3,$$

$$P(A_1A_2\overline{A_3}A_4) = P(A_1)P(A_2 \mid A_1)P(\overline{A_3} \mid A_1A_2)P(A_4 \mid A_1A_2\overline{A_3})$$

$$= p \cdot p \cdot (1-p) \cdot \frac{p}{2} = \frac{1}{2}(1-p)p^3,$$

所以

$$P(B) = p^3 + \frac{3}{2}(1-p)p^3.$$

35. 罐子里有 b 个黑球与 r 个红球, 每次抽取一个球, 然后放回, 并增加 c 个与所取出的球同颜色的球放入罐中. 如果设 c 为正整数, 求

(i) 依次抽出黑, 黑, 红球的概率;

(ii) 第二次第三次抽得红球的条件下, 第一次抽得红球的概率.

解　(i) 设 $B_i =$ "第 i 次取得黑球", 则 "依次抽出黑, 黑, 红球" $= B_1B_2\overline{B_3}$. 于是由乘法定理

$$P(B_1B_2\overline{B_3}) = P(B_1)P(B_2 \mid B_1)P(\overline{B_3} \mid B_1B_2)$$

$$= \frac{b}{b+r} \cdot \frac{b+c}{b+r+c} \cdot \frac{r}{b+r+2c}.$$

(ii) 事件 "第二次第三次抽得红球的条件下, 第一次抽到红球" 的概率为

$$P(\overline{B_1} \mid \overline{B_2}\,\overline{B_3}) = \frac{P(\overline{B_1}\,\overline{B_2}\,\overline{B_3})}{P(\overline{B_2}\,\overline{B_3})} = \frac{P(\overline{B_1}\,\overline{B_2}\,\overline{B_3})}{P(B_1\overline{B_2}\,\overline{B_3}) + P(\overline{B_1}\,\overline{B_2}\,\overline{B_3})}$$

$$= \frac{\dfrac{r}{b+r} \cdot \dfrac{r+c}{b+r+c} \cdot \dfrac{r+2c}{b+r+2c}}{\dfrac{b}{b+r} \cdot \dfrac{r}{b+r+c} \cdot \dfrac{r+c}{b+r+2c} + \dfrac{r}{b+r} \cdot \dfrac{r+c}{b+r+c} \cdot \dfrac{r+2c}{b+r+2c}}$$

$$= \frac{r(r+c)(r+2c)}{br(r+c) + r(r+c)(r+2c)}$$

$$= \frac{r+2c}{b+r+2c}.$$

36. 甲, 乙, 丙三人独立的向一飞机射击, 设甲, 乙, 丙的命中率分别为 0.4, 0.5,

0.7, 又设恰有 1 人,2 人,3 人击中飞机后飞机坠毁的概率分别为 0.2, 0.6, 1, 现三人向飞机各射击一次,求飞机坠毁的概率.

解　设 A_1, A_2, A_3 分别为甲, 乙, 丙击中飞机的事件. 由条件 $P(A_1) = 0.4$, $P(A_2) = 0.5, P(A_3) = 0.7$. 又设 H_i 为 "恰有 i 人击中飞机", $i = 0, 1, 2, 3$. 由独立性, 可知

$$P(H_0) = P(\overline{A_1}\overline{A_2}\overline{A_3}) = P(\overline{A_1})P(\overline{A_2})P(\overline{A_3}) = 0.6 \cdot 0.5 \cdot 0.3 = 0.09,$$

$$\begin{aligned}
P(H_1) &= P(A_1\overline{A_2}\overline{A_3} \cup \overline{A_1}A_2\overline{A_3} \cup \overline{A_1}\overline{A_2}A_3) \\
&= P(A_1\overline{A_2}\overline{A_3}) + P(\overline{A_1}A_2\overline{A_3}) + P(\overline{A_1}\overline{A_2}A_3) \\
&= 0.4 \cdot 0.5 \cdot 0.3 + 0.6 \cdot 0.5 \cdot 0.3 + 0.6 \cdot 0.5 \cdot 0.7 \\
&= 0.06 + 0.09 + 0.21 = 0.36,
\end{aligned}$$

$$\begin{aligned}
P(H_2) &= P(A_1 A_2\overline{A_3}) + P(A_1\overline{A_2}A_3) + P(\overline{A_1}A_2 A_3) \\
&= 0.4 \cdot 0.5 \cdot 0.3 + 0.4 \cdot 0.5 \cdot 0.7 + 0.6 \cdot 0.5 \cdot 0.7 \\
&= 0.41,
\end{aligned}$$

$$P(H_3) = P(A_1 A_2 A_3) = 0.4 \cdot 0.5 \cdot 0.7 = 0.14.$$

H_0, H_1, H_2, H_3 是概率空间的一个完备事件组. 设 B 为 "飞机坠毁", 由已知条件得 $P(B \mid H_1) = 0.2, P(B \mid H_2) = 0.6, P(B \mid H_3) = 1$, 显然, $P(B \mid H_0) = 0$. 于是由全概率公式

$$\begin{aligned}
P(B) &= \sum_{i=0}^{3} P(H_i)P(B \mid H_i) \\
&= 0.09 \cdot 0 + 0.36 \cdot 0.2 + 0.41 \cdot 0.6 + 0.14 \cdot 1 \\
&= 0.458.
\end{aligned}$$

37. 图 1-4 中电路由 5 个元件组成, 它们工作状况是相互独立的, 元件的可靠性都是 p, 求系统的可靠性.

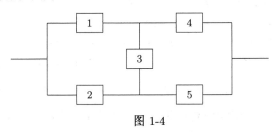

图 1-4

解法 1　设 $A_i =$ "第 i 个元件正常工作", 则 $P(i) = p$, $i = 1, 2, 3, 4, 5$. 设 $A =$ "系统正常工作", 则 $A = A_1 A_4 \cup A_2 A_5 \cup A_1 A_3 A_5 \cup A_2 A_3 A_4$. 注意求和的各事

件不是不相容的, 故由概率的一般加法公式, 系统的可靠性为

$$P(A) = P(A_1 A_4) + P(A_2 A_5) + P(A_1 A_3 A_5) + P(A_2 A_3 A_4)$$
$$- P(A_1 A_4 A_2 A_5) - P(A_1 A_4 A_3 A_5) - P(A_1 A_2 A_3 A_4)$$
$$- P(A_1 A_2 A_3 A_5) - P(A_2 A_3 A_4 A_5) - P(A_1 A_2 A_3 A_4 A_5)$$
$$+ 4P(A_1 A_2 A_3 A_4 A_5) - P(A_1 A_2 A_3 A_4 A_5)$$
$$= 2p^2 + 2p^3 - 5p^4 + 2p^5.$$

解法 2   注意题图中的电路当第 3 个元件正常工作时可视为两个并联系统串联而成, 当第 3 个元件发生故障时, 可视为两个串联系统并联而成, 分别成下面图 1-5 和图 1-6 的情况.

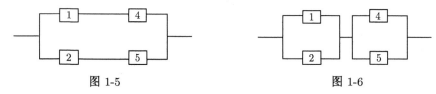

图 1-5   图 1-6

由书中例 1.6.4, 知这两个系统的可靠性分别为 $p^2(2-p)^2$ 和 $p^2(2-p^2)$. 于是由全概率公式

$$P(A) = P(A_3)P(A \mid A_3) + P(\overline{A}_3)P(A \mid \overline{A}_3)$$
$$= pp^2(2-p)^2 + (1-p)p^2(2-p^2)$$
$$= 2p^2 + 2p^3 - 5p^4 + 2p^5.$$

38. 甲乙丙按如下规则进行围棋比赛, 第一局甲乙先赛而丙轮空, 第一局的胜者与丙进行第二局比赛, 而失败者轮空. 以此下去直到其中一人连胜两局为止, 连胜两局者称为整场比赛的优胜者. 若每局比赛甲, 乙, 丙获胜的概率都是 $\frac{1}{2}$, 各次比赛相互独立, 问甲, 乙, 丙成为整场比赛优胜者的概率各是多少?

解   这种比赛的结果可以用下面的字母列表示:
$$a\,a, a\,c\,c, a\,c\,b\,b, a\,c\,b\,a\,a, a\,c\,b\,a\,c\,c, a\,c\,b\,a\,c\,b\,b, \cdots,$$
$$b\,b, b\,c\,c, b\,c\,a\,a, b\,c\,a\,b\,b, b\,c\,d\,b\,c\,c, b\,c\,a\,b\,c\,a\,a, \cdots,$$
其中 a 表示甲胜, b 表示乙胜, c 表示丙胜. 在这些可能的结果中, 恰好包含 k 个字母的事件发生的概率为 $\frac{1}{2^k}$. 如 $a\,a$ 发生的概率为 $\frac{1}{4}$, $a\,c\,b\,b$ 发生的概率为 $\frac{1}{16}$ 等等. $a\,c\,b\,b$ 表示第一局甲胜, 第二局甲和丙赛结果丙胜, 第三局丙和乙赛结果乙胜, 第四局乙和甲赛结果乙胜. 记 C 为丙胜, A 为甲胜, B 为乙胜, 则

$$P(C) = [P(a\,c\,c) + P(b\,c\,c)] + [P(a\,c\,b\,a\,c\,c) + P(b\,c\,a\,b\,c\,c)]$$

$$+ [P(a\,c\,b\,a\,c\,b\,a\,c\,c) + P(b\,c\,a\,b\,c\,a\,b\,c\,c)] + \cdots$$
$$= 2 \left(\frac{1}{2^3} + \frac{1}{2^6} + \frac{1}{2^9} + \cdots \right)$$
$$= \frac{2}{7}.$$

由于甲, 乙二人所处的地位是对称的, 所以 $P(A) = P(B)$, 于是

$$P(A) = P(B) = \frac{1 - \dfrac{2}{7}}{2} = \frac{5}{14}.$$

39. 袋中有 20 个球, 其中 7 个是红的, 5 个是黄的, 4 个是黄篮两色的, 1 个是红黄蓝三色的, 其余 3 个是无色的. A, B, C 分别表示从袋中任意摸出 1 球有红色, 有黄色, 有蓝色的事件, 证明 $P(ABC) = P(A)P(B)P(C)$ 但 A, B, C 两两不独立.

证明　由题意易知 $P(A) = \dfrac{7+1}{20}, P(B) = \dfrac{5+4+1}{20}, P(C) = \dfrac{4+1}{20}$,
而 $P(ABC) = \dfrac{1}{20}.P(A)P(B)P(C) = \dfrac{8}{20} \cdot \dfrac{10}{20} \cdot \dfrac{5}{20} = \dfrac{1}{20}$, 故得证

$$P(ABC) = P(A)P(B)P(C).$$

但 $P(AB) = \dfrac{1}{20}, P(BC) = \dfrac{4}{20}, P(AC) = \dfrac{1}{20}$, 所以经计算, $P(AB) \neq P(A)P(B)$,
$P(BC) \neq P(B)P(C), P(AC) \neq P(A)P(C)$, 即 A, B, C 两两不独立.

第2章 随机变量及其分布

1. 袋中有 10 个球, 其中两个球上标有数字 0, 三个球上标有数字 1, 四个球上标有数字 2, 一个球上标有数字 3. 从袋中任取一球, X 表示取出球上的数字, 求 X 的分布律和分布函数.

解 X 只能取 0,1,2,3 为值, 由题意 X 的分布为

$$P\{X=0\} = \frac{2}{10}, \quad P\{X=1\} = \frac{3}{10}, \quad P\{X=2\} = \frac{4}{10}, \quad P\{X=3\} = \frac{1}{10},$$

亦即

X	0	1	2	3
P_X	$\dfrac{1}{5}$	$\dfrac{3}{10}$	$\dfrac{2}{5}$	$\dfrac{1}{10}$

分布函数为

$$F_X(x) = \begin{cases} 0, & x < 0, \\[2mm] \dfrac{1}{5}, & 0 \leqslant x < 1, \\[2mm] \dfrac{1}{2}, & 1 \leqslant x < 2, \\[2mm] \dfrac{9}{10}, & 2 \leqslant x < 3, \\[2mm] 1, & x \geqslant 3. \end{cases}$$

2. 随机变量 X 所有可能取的值为 $1, 2, \cdots, n$, 已知 $P\{X=k\}$ 与 k 成正比, 即 $P\{X=k\} = ak$, $k = 1, 2, \cdots, n$, 求常数 a 的值.

解 由离散型分布律必须满足 $\displaystyle\sum_{k=1}^{n} P\{X=k\} = 1$, 求解

$$\sum_{k=1}^{n} ak = 1$$

或

$$a \cdot \frac{n(n+1)}{2} = 1,$$

知 $a = \dfrac{2}{n(n+1)}$.

3. 袋中有 5 个球, 编号为 1,2,3,4,5. 从袋中一次取出 3 个球, 这 3 个球中的最大号码为 X, 试求 X 的分布律.

解　从编号为 1,2,3,4,5 的 5 个球中一次取出 3 个球, 记 X 表示 3 个球中的最大号码, 则 X 的可能取值为 3,4,5. 从 5 个球中任取 3 个球有 C_5^3 种可能.

$\{X = 3\}$ 表示取出 3 个球中最大编号为 3, 其余两个球编号只能是 1,2. 即只有 1 种可能, 于是 $P\{X = 3\} = \dfrac{1}{C_5^3} = \dfrac{1}{10}$.

$\{X = 4\}$ 表示取出 3 个球中最大编号为 4, 其余两个可在编号为 1,2,3 的 3 个球中任取 2 个, 共有 C_3^2 种取法, 故 $P\{X = 4\} = \dfrac{C_3^2}{C_5^3} = \dfrac{3}{10}$.

$\{X = 5\}$ 表示取出 3 个球中最大编号为 5, 其余两个可在编号为 1,2,3,4 的 4 个球中任取 2 个, 共有 C_4^2 种取法, 故 $P\{X = 5\} = \dfrac{C_4^2}{C_5^3} = \dfrac{3}{5}$. 求 $P\{X = 5\}$ 时也可以由 $P\{X = 5\} = 1 - P\{X = 3\} - P\{X = 4\}$ 得出.

所以 X 的分布律为

X	3	4	5
P_X	$\dfrac{1}{10}$	$\dfrac{3}{10}$	$\dfrac{3}{5}$

4. A, B 两校进行围棋对抗赛, 每校出三名队员, A 校队员是 A_1, A_2, A_3, B 校队员为 B_1, B_2, B_3. 根据以往多次比赛的统计对阵队员之间的胜负概率如下:

对阵队员	A 校队员胜的概率	A 校队员负的概率
A_1 对 B_1	$\dfrac{2}{3}$	$\dfrac{1}{3}$
A_2 对 B_2	$\dfrac{2}{5}$	$\dfrac{3}{5}$
A_3 对 B_3	$\dfrac{2}{5}$	$\dfrac{3}{5}$

按表中对阵方式出场, 每场胜队得 1 分, 负队得 0 分, 各场比赛相互独立. 若 A 校、B 校最后所得总分分别为 X, Y, 试求 X 和 Y 的分布律.

解　设 $A_1, A_2, A_3, B_1, B_2, B_3$ 也是相应那个队员获胜的事件. 于是 $P(A_1) = \dfrac{2}{3}, P(B_1) = \dfrac{1}{3}, P(A_2) = \dfrac{2}{5}, P(B_2) = \dfrac{3}{5}, P(A_3) = \dfrac{2}{5}, P(B_3) = \dfrac{3}{5}, X$ 是 A 校最后所得总分, 故 X 的可能取值为 0,1,2,3.

$\{X = 0\}$ 表示 A 校 3 个队员全负于对方, 即

$$P\{X = 0\} = P(B_1 B_2 B_3) = P(B_1)P(B_2)P(B_3) = \dfrac{1}{3} \cdot \dfrac{3}{5} \cdot \dfrac{3}{5} = \dfrac{3}{25}.$$

$\{X = 1\}$ 表示 A 校只有 1 名队员获胜, 另 2 名队员为负, 即

$$P\{X = 1\} = P(A_1 B_2 B_3 \cup B_1 A_2 B_3 \cup B_1 B_2 A_3)$$
$$= P(A_1 B_2 B_3) + P(B_1 A_2 B_3) + P(B_1 B_2 A_3)$$
$$= \frac{2}{3} \cdot \frac{3}{5} \cdot \frac{3}{5} + \frac{1}{3} \cdot \frac{2}{5} \cdot \frac{3}{5} + \frac{1}{3} \cdot \frac{3}{5} \cdot \frac{2}{5}$$
$$= \frac{2}{5}.$$

注意求和的 3 个事件 $A_1 B_2 B_3, B_1 A_2 B_3, B_1 B_2 A_3$ 显然是互不相容的.

$\{X = 2\}$ 表示 A 校恰好有 2 名队员获胜, 另一名队员为负, 即

$$P\{X = 2\} = P(A_1 A_2 B_3 \cup A_1 B_2 A_3 \cup B_1 A_2 A_3)$$
$$= P(A_1 A_2 B_3) + P(A_1 B_2 A_3) + P(B_1 A_2 A_3)$$
$$= \frac{2}{3} \cdot \frac{2}{5} \cdot \frac{3}{5} + \frac{2}{3} \cdot \frac{3}{5} \cdot \frac{2}{5} + \frac{1}{3} \cdot \frac{2}{5} \cdot \frac{2}{5}$$
$$= \frac{28}{75}.$$

$\{X = 3\}$ 表示 A 校 3 名队员全胜, 即

$$P\{X = 3\} = P(A_1 A_2 A_3) = \frac{2}{3} \cdot \frac{2}{5} \cdot \frac{2}{5} = \frac{8}{75},$$

所以 X 的分布律为

X	0	1	2	3
P_X	$\frac{3}{25}$	$\frac{2}{5}$	$\frac{28}{75}$	$\frac{8}{75}$

由于 $X + Y = 3$, 所以 $P\{Y = k\} = P\{X = 3 - k\}, k = 0, 1, 2, 3$. 于是 Y 的分布律为

Y	0	1	2	3
P_Y	$\frac{8}{75}$	$\frac{28}{75}$	$\frac{2}{5}$	$\frac{3}{25}$

5. 进行重复独立试验, 设每次试验成功的概率为 $\frac{3}{4}$, 失败的概率为 $\frac{1}{4}$, 用 X 表示试验首次成功所需的试验次数, 试求 X 的分布律, 并求 X 取奇数的概率.

解 X 表示试验首次成功出现的次数, 故 $\{X = k\}$ 表示前 $k - 1$ 次失败而第 k 次试验成功, 由试验是独立的, 知 X 的分布律为

$$P\{X = k\} = \left(\frac{1}{4}\right)^{k-1} \left(\frac{3}{4}\right), \quad k = 1, 2, \cdots.$$

由于 $P\{X = 奇数\} = \bigcup\limits_{n=1}^{\infty}\{X = 2n - 1\}$, 故

$$P\{X = 奇数\} = \bigcup_{n=1}^{\infty}\{X = 2n - 1\}$$
$$= \sum_{n=1}^{\infty}\left(\frac{1}{4}\right)^{2n-2} \cdot \frac{3}{4}$$
$$= \frac{4}{5}.$$

6. 随机变量 X 的分布律为

(i) $P\{X = k\} = a\dfrac{\lambda^k}{k!}, k = 1, 2, \cdots, \lambda$ 为正常数;

(ii) $P\{X = k\} = \dfrac{a}{N}, k = 1, 2, \cdots, N.$

试确定常数 a 的值.

解　(i) 由 $\sum\limits_{k=1}^{\infty} P\{X = k\} = 1$, 把分布律表达式代入得

$$\sum_{k=1}^{\infty} a\frac{\lambda^k}{k!} = 1,$$

或 $a(\mathrm{e}^\lambda - 1) = 1$, 故 $a = (\mathrm{e}^\lambda - 1)^{-1}$.

(ii) 与 (i) 类似, 由 $\sum\limits_{k=1}^{N} P\{X = k\} = \sum\limits_{k=1}^{N} \dfrac{a}{N} = a$, 知 $a = 1$.

7. 一个系统由 n 个相同的元件组成, 每个元件的可靠性都是 $p\,(0 < p < 1)$, 假设 n 个元件工作状态相互独立, 且其中至少有 k 个元件正常工作时系统才能正常工作, 求系统的可靠性.

解　由于 n 个相同元件工作状态相互独立, 这 n 个元件中正常工作的元件数可看作服从二项分布 $B(n, p)$, 所以系统能正常工作, 即至少有 k 个元件正常工作的概率为

$$\sum_{i=k}^{n} \mathrm{C}_n^i p^i (1 - p)^{n-i}.$$

8. 设随机变量 X 服从二项分布 $B(n, p)$, 求使概率 $P\{X = k\}$ 最大的 k 值 (称为二项分布的最可能值).

(提示: 根据 $\dfrac{P\{X = k\}}{P\{X = k - 1\}}$ 大于 1 或小于 1, 确定 k 在什么范围使 $P\{X = k\}$ 关于 k 递增或递减 .)

解　为求使 $P\{X=k\}$ 最大的 k 值, 考虑

$$\frac{P\{X=k\}}{P\{X=k-1\}}=\frac{C_n^k p^k (1-p)^{n-k}}{C_n^{k-1} p^{k-1} (1-p)^{n-k+1}}=\frac{(n-k+1)p}{k(1-p)}=1+\frac{(n+1)p-k}{k(1-p)},$$

因此当 $k<(n+1)p$ 时, $P\{X=k\}$ 比 $P\{X=k-1\}$ 大; 当 $k>(n+1)p$ 时, $P\{X=k\}$ 比 $P\{X=k-1\}$ 小; 当 $k=(n+1)p$ 时, $P\{X=k\}=P\{X=k-1\}$. 由于 $(n+1)p$ 不一定是正整数, 而二项分布中的 k 只取正整数, 所以一定存在正整数 m, 使得 $(n+1)p-1<m\leqslant(n+1)p$, 而且当 k 从 0 变到 n 时, $P\{X=k\}$ 先单调上升, 当 $k=m$ 时达到最大, 后来又单调下降. 当 $(n+1)p$ 是正整数时, 使 $P\{X=k\}$ 最大的 k 值为 $(n+1)p$ 或 $(n+1)p-1$; 当 $(n+1)p$ 不是正整数时, 使 $P\{X=k\}$ 最大的 k 值为 $[(n+1)p]$.

9. 某地块岩层上有一 10 米深土层, 石块随机分布在土层内. 建房时设计的桩群要打到岩层. 设土层可以分为 5 个独立层, 每层 2 米深. 打桩时每一 2 米层内碰到一块石头的概率为 0.1(碰到两块或更多石块的概率忽略不计).

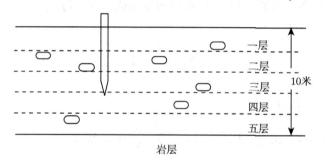

岩层

(i) 一根桩成功地打进岩层而未碰到任何石块的概率多大?

(ii) 打进岩层时一根桩最多碰到一块石块的概率多大?

(iii) 打到岩层时一根桩恰有两次碰到石块的概率多大?

(iv) 一根桩一直打到第四层才第一次碰到石块的概率有多大?

(v) 假设一座房屋的基础要求有一组 9 根这样的桩打到岩层, 各桩打入情况独立, 问打桩时不碰到石块的概率有多大?

解　把问题看成是 $n=5, p=0.1$ 的二项分布, $X\sim B(5.0.1)$ 表示打桩时碰到石块的岩层数.

(i) 一根桩成功地打进岩层而未碰到石块即是打桩碰到石块的岩层数为 0, 其概率为

$$P\{X=0\}=C_5^0\cdot(0.1)^0\cdot 0.9^5=0.59049.$$

(ii) 打进岩层时一根桩最多碰到一块石头即是打桩碰到石块的岩层数为 0 或为 1, 其概率为

$$P\{X=0\} + P\{X=1\} = C_5^0 \cdot (0.1)^0 \cdot 0.9^5 + C_5^1 0.1^1 0.9^4 = 0.91854.$$

(iii) 打到岩层时一根桩恰好有两次碰到石块的概率为

$$P\{X=2\} = C_5^2 \cdot (0.1)^2 \cdot 0.9^3 = 0.0729.$$

(iv) 一根桩一直打到第四层才第一次碰到石块即是前三层都未碰到石块, 而第四层才首次碰到石块, 观察首次碰到石块的次数服从几何分布, 故所求概率为

$$0.9^3 \cdot 0.1 = 0.0729.$$

(v) 由于各桩打入时相互独立, 故这 9 根桩都未碰到石块的概率为

$$0.59049^9 = 0.00873.$$

10. 某电路需用 12 只精密电阻, 设该电阻的合格率为 0.9, 问至少要购买几只才能以 99.5% 的概率保证其中合格的电阻不少于 12 只?

解　至少要购买 n 只电阻, $n = 12 + x, x$ 为最多的不合格的电阻数. 则 n 只电阻不合格的电阻数 X 服从 $B(12+x, 0.1)$ 分布. 问题变为求 x, 使

$$P\{X \leqslant x\} > 0.995$$

或者

$$P\{X \geqslant x+1\} \leqslant 0.005.$$

由泊松定理,

$$P\{X \geqslant x+1\} = \sum_{k=x+1}^{n} C_n^k \cdot 0.1^k \cdot 0.9^{n-k}$$
$$\approx \sum_{k=x+1}^{n} \frac{\mathrm{e}^{-\lambda} \lambda^k}{k!}.$$

当 $x=4$ 时, $\lambda = 1.6$, 查泊松分布表知 $P\{X \geqslant 5\} = 0.02368.$
当 $x=5$ 时, $\lambda = 1.7$, 查泊松分布表知 $P\{X \geqslant 6\} = 0.00800.$
当 $x=6$ 时, $\lambda = 1.8$, 查泊松分布表知 $P\{X \geqslant 7\} = 0.00257.$

所以 $x=6$ 时满足题意, 即至少要购买 18 只电阻才能以 99.5% 的概率保证其中合格的电阻不少于 12 只.

注意, 经过精确的计算, 当 $n = 17$ 时,

$$P\{X \leqslant 5\} = \sum_{k=0}^{5} C_{17}^k \cdot 0.1^k \cdot 0.9^{17-k} = 0.9953,$$

所以用泊松定理近似的计算结果为 18, 但精确计算答案应为 17.

11. 9 人同时向同一目标射击一次, 如每人射击击中目标的概率均为 0.3, 各人射击是相互独立的, 求有两人以上击中目标的概率和最可能击中目标的人数 (见习题 8).

解　问题可以看作是 $n = 9, p = 0.3$ 的伯努利概型. 击中目标的人数 $X \sim B(9, 0.3)$, 所以两人以上击中目标的概率为

$$P\{X > 2\} = 1 - P\{X = 0\} - P\{X = 1\} - P\{X = 2\}$$
$$= 1 - C_9^0 \cdot 0.3^0 \cdot 0.7^9 - C_9^1 \cdot 0.3^1 \cdot 0.7^8 - C_9^2 \cdot 0.3^2 \cdot 0.7^7$$
$$= 0.5372.$$

最可能击中目标的人数, 即二项分布的最可能值, 由习题 8 的结果, 由 $(n+1)p = (9+1) \cdot 0.3 = 3$. 故答 3 或 2.

12. 某车间有 10 台同类型的机床, 每台机床开工时耗电 1 千瓦, 但由于换刀具, 量尺寸等原因每台机床实际开工率仅为 0.2, 各机床工作情况相互独立. 若因电力紧张只能为该车间提供 5 千瓦电力给这 10 台机床, 试求这 10 台机床能够正常工作的概率多大?

解　由于只提供 5 千瓦电力, 所以同时开工的机床数只要不超过 5 台就能正常工作. 由条件, 同时开工的机床数 $X \sim B(10, 0.2)$, 故所求概率为

$$P\{X \leqslant 5\} = \sum_{k=0}^{5} C_{10}^k \cdot 0.2^k \cdot 0.8^{10-k} = 0.994.$$

13. 已知某种昆虫产 k 个卵的概率为 $\dfrac{\lambda^k \mathrm{e}^{-\lambda}}{k!}$, $k = 0, 1, \cdots$, 而一个卵孵化成昆虫的概率为 p, 设各个卵孵化成昆虫是相互独立的, 试求一只昆虫恰有 l 只后代的概率.

解　若昆虫产 i 个卵, 由条件可知这 i 个卵孵化成的昆虫数 $X \sim B(i, p)$. 设 H_i 为昆虫产 i 个卵, 而 B 为该昆虫有 l 个后代. 由全概率公式

$$P(B) = \sum_{i=l}^{\infty} P(H_i) P(B|H_i),$$

i 从 l 开始求和只因为要有 l 只后代, 卵数至少是 l. 于是

$$
\begin{aligned}
P(B) &= \sum_{i=l}^{\infty} \frac{\lambda^i}{i!} \mathrm{e}^{-\lambda} \cdot \mathrm{C}_i^l p^l (1-p)^{i-l} \\
&= \sum_{i=l}^{\infty} \frac{\lambda^i \mathrm{e}^{-\lambda}}{l!(i-l)!} \cdot p^l (1-p)^{i-l} \\
&\xlongequal{\diamond j=i-l} \frac{p^l \mathrm{e}^{-\lambda}}{l!} \sum_{j=0}^{\infty} \frac{\lambda^{l+j}}{j!} (1-p)^j \\
&= \frac{(\lambda p)^l}{l!} \mathrm{e}^{-\lambda p}.
\end{aligned}
$$

14. 设 X 服从泊松分布, 已知 $P\{X=1\} = P\{X=2\}$, 求 $P\{X=4\}$.

解　因 X 服从泊松分布, $P\{X=k\} = \dfrac{\lambda^k}{k!} \mathrm{e}^{-\lambda}$. 由条件

$$
\frac{\lambda^1}{1!} \mathrm{e}^{-\lambda} = \frac{\lambda^2}{2!} \mathrm{e}^{-\lambda},
$$

可知 $\lambda = 2$. 所以 $P\{X=4\} = \dfrac{2^4}{4!} \mathrm{e}^{-2} = \dfrac{2}{3} \mathrm{e}^{-2}$.

15. 某电话交换台每分钟接到的呼唤次数服从参数为 4 的泊松分布, 求

(i) 每分钟恰有 8 次呼唤的概率;

(ii) 每分钟的呼唤次数大于 10 的概率.

解　(i) 每分钟恰好有 8 次呼唤的概率为

$$
P\{X=8\} = \frac{4^8}{8!} \mathrm{e}^{-4} = 0.02977.
$$

(ii) 每分钟的呼唤次数大于 10 的概率为

$$
\sum_{k=11}^{\infty} \frac{4^k}{k!} \mathrm{e}^{-4} = 0.00284.
$$

16. 某商店出售某种高档商品, 根据以往经验, 每月需求量 $X \sim P(3)$, 问月初进货时要库存多少件这种商品, 才能以 99% 以上的概率满足顾客的要求.

解　设商店进货时应库存 r 件商品, 满足顾客需求是指 $\{X \leqslant r\}$, 即求 r 使

$$
P\{X \leqslant r\} \geqslant 0.99
$$

或

$$
P\{X > r\} \leqslant 0.01.
$$

查 $\lambda = 3$ 的泊松分布表,$P\{X \geqslant 9\} = 0.003803, P\{X \geqslant 8\} = 0.011905$, 故取 $r = 8$, 即商店进货时库存 8 件商品, 就能以 99% 的概率满足顾客的要求.

17. 某厂生产的产品中次品率为 0.005, 任意取出 1000 件, 试求:

(i) 其中至少有 2 件次品的概率;

(ii) 其中有不超过 5 件次品的概率;

(iii) 能以 90% 以上的概率保证次品件数不超过多少件?

用泊松定理计算.

解　1000 件产品的次品数 $X \sim B(1000, 0.005).\lambda = 1000 \times 0.005 = 5$.

(i) 至少有 2 件次品的概率为 (查表)

$$
\begin{aligned}
P\{X \geqslant 2\} &= \sum_{k=2}^{1000} \mathrm{C}_{1000}^{k} \cdot 0.005^{k} \cdot 0.995^{1000-k} \\
&\approx \sum_{k=2}^{1000} \frac{5^{k}\mathrm{e}^{-5}}{k!} \\
&= 0.9596.
\end{aligned}
$$

(ii) 有不超过 5 件次品的概率为

$$
\begin{aligned}
P\{X \leqslant 5\} &= \sum_{k=0}^{5} \mathrm{C}_{1000}^{k} \cdot 0.005^{k} \cdot 0.995^{1000-k} \\
&= 1 - \sum_{k=6}^{1000} \mathrm{C}_{1000}^{k} \cdot 0.005^{k} \cdot 0.995^{1000-k} \\
&= 1 - \sum_{k=6}^{1000} \frac{5^{k}\mathrm{e}^{-5}}{k!} \\
&= 0.6160.
\end{aligned}
$$

(iii) 设能以 90% 的概率保证次品数不超过 r 件, 即

$$
P\{X \leqslant r\} \geqslant 0.9
$$

或者

$$
P\{X > r\} \leqslant 0.1,
$$

由于 $P\{X \geqslant 8\} = 0.1334, P\{X \geqslant 9\} = 0.0681$, 故取 $r = 8$, 即任意取出 1000 件能以 90% 以上的概率保证次品件数不超过 8 件.

18. 离散型随机变量 X 的分布函数为

$$F(x) = \begin{cases} 0, & x < 2, \\ \dfrac{1}{8}, & 2 \leqslant x < 4, \\ \dfrac{3}{8}, & 4 \leqslant x < 6, \\ 1, & x \geqslant 6. \end{cases}$$

试写出 X 的分布律, 并求 $P\{X > 2\}, P\{2 < x < 6\}, P\{2 \leqslant x < 6\}$.

解　X 的分布律为

X	2	4	6
P_X	$\dfrac{1}{8}$	$\dfrac{1}{4}$	$\dfrac{5}{8}$

易知

$$P\{X > 2\} = P\{X = 4\} + \{X = 6\} = \frac{1}{4} + \frac{5}{8} = \frac{7}{8},$$

$$P\{2 < X < 6\} = P\{X = 4\} = \frac{1}{4},$$

$$P\{2 \leqslant X < 6\} = P\{X = 2\} + P\{X = 4\} = \frac{1}{8} + \frac{1}{4} = \frac{3}{8}.$$

19. 钢缆由许多细钢丝组成, 当钢缆超负荷时一根钢丝断掉的概率为 0.05. 如果断掉 3 根钢丝就必须更换钢缆. 试求钢缆在更换之前至少能承受 5 次超负荷的概率.

(提示: 至少承受 5 次超负荷意味着第 3 根钢丝的断掉必须发生在第六次超负荷或在第六次超负荷之后. 利用负二项分布式.)

解　钢缆在更换即断掉第 3 根钢丝前至少能承受 5 次超负荷, 意味着第 3 根钢丝的破坏必须发生在第 6 次超负荷之时, 或在第 6 次超负荷以后. 利用负二项分布式, 设 T_r 表示第 r 次钢缆超负荷时一根钢丝断掉. 钢缆超负荷时一根钢丝断掉的概率 $p = 0.05$. 于是所求的概率为

$$\begin{aligned} P\{T_3 \geqslant 6\} &= 1 - P\{T_3 < 6\} \\ &= 1 - C_{5-1}^{3-1} \cdot 0.05^3 \cdot 0.95^{5-3} \\ &\quad - C_{4-1}^{3-1} \cdot 0.05^3 \cdot 0.95^{4-3} - C_{3-1}^{3-1} \cdot 0.05^3 \\ &= 1 - 0.00116 \\ &= 0.99884. \end{aligned}$$

20. 连续型随机变量 X 的分布函数为

$$F(x) = \begin{cases} 0, & x \leqslant -a, \\ A + B \arcsin \dfrac{x}{a}, & -a < x < a, \\ 1, & x \geqslant a, \end{cases}$$

其中 a 为正常数, 求

(i) 常数 A 和 B;

(ii) $P\left\{-\dfrac{a}{2} < X < \dfrac{a}{2}\right\}$;

(iii) X 的概率密度.

解　(i) 由于连续型随机变量的分布函数是连续的, 故

$$\lim_{x \to -a+0} F(x) = \lim_{x \to -a+0}\left(A + B\arcsin\frac{x}{a}\right) = A - \frac{\pi}{2}B = F(-a) = 0,$$

$$\lim_{x \to a+0} F(x) = \lim_{x \to a+0}\left(A + B\arcsin\frac{x}{a}\right) = A + \frac{\pi}{2}B = F(a) = 1.$$

由此可得 $A = \dfrac{1}{2}, B = \dfrac{1}{\pi}$.

(ii)

$$\begin{aligned} P\left\{-\frac{a}{2} < X < \frac{a}{2}\right\} &= F\left(\frac{a}{2}\right) - F\left(-\frac{a}{2}\right) \\ &= \left(\frac{1}{2} + \frac{1}{\pi}\arcsin\frac{1}{2}\right) - \left(\frac{1}{2} + \frac{1}{\pi}\arcsin\frac{-1}{2}\right) \\ &= \frac{1}{3}. \end{aligned}$$

(iii) X 的概率密度

$$f(x) = F'(x) = \left(\frac{1}{2} + \frac{1}{\pi}\arcsin\frac{x}{a}\right)' = \frac{1}{\pi\sqrt{a^2 - x^2}}, \quad |x| < a.$$

21. 设随机变量 X 的概率密度为

$$f(x) = \begin{cases} cx^2, & 1 \leqslant x \leqslant 2, \\ cx, & 2 < x \leqslant 3, \\ 0, & \text{其他}. \end{cases}$$

试确定常数 c, 并求 X 的分布函数.

解　由 $\int_{-\infty}^{\infty} f(x)\mathrm{d}x = 1$, 可知

$$\int_{-\infty}^{\infty} f(x)\mathrm{d}x = \int_{1}^{2} cx^2 + \int_{2}^{3} cx\mathrm{d}x = 1,$$

即 $\frac{7}{3}c + \frac{5}{2}c = 1$, 故 $c = \frac{6}{29}$.

为求 X 的分布函数, 注意到 $f(x)$ 的定义.

当 $x < 1$ 时, $F(x) = \int_{-\infty}^{x} f(t)\mathrm{d}t = 0$;

当 $1 \leqslant x < 2$ 时, $F(x) = \int_{-\infty}^{x} f(t)\mathrm{d}t = \int_{1}^{x} \frac{6}{29}t^2\mathrm{d}t = \frac{2}{29}(x^3 - 1)$;

当 $2 \leqslant x < 3$ 时,

$$\begin{aligned}
F(x) &= \int_{-\infty}^{x} f(t)\mathrm{d}t \\
&= \int_{1}^{2} \frac{6}{29}x^2\mathrm{d}x + \int_{2}^{x} \frac{6}{29}t\mathrm{d}t \\
&= \frac{1}{29}(3x^2 + 2);
\end{aligned}$$

当 $x \geqslant 3$ 时, $F(x) = 1$.

22. 随机变量 X 的概率密度函数为

$$f(x) = \begin{cases} 0, & x < 0, \\ x, & 0 \leqslant x < 1, \\ \dfrac{1}{x^3}, & x \geqslant 1. \end{cases}$$

求 X 的分布函数和 $P\left\{\dfrac{1}{2} < X < 2\right\}$.

解　X 的分布函数为分段定义函数

当 $x < 0$ 时, $F(x) = \int_{-\infty}^{x} f(t)\mathrm{d}t = 0$;

当 $0 \leqslant x < 1$ 时, $F(x) = \int_{-\infty}^{x} f(t)\mathrm{d}t = \int_{0}^{x} t\mathrm{d}t = \dfrac{x^2}{2}$;

当 $x \geqslant 1$ 时, $F(x) = \int_{-\infty}^{x} f(x)\mathrm{d}x = \int_{0}^{1} x\mathrm{d}x + \int_{1}^{x} \frac{1}{t^3} = 1 - \frac{1}{2x^2}$.

$$P\left\{\frac{1}{2} < X < 2\right\} = F(2) - F\left(\frac{1}{2}\right)$$

$$= 1 - \frac{1}{8} - \frac{1}{8}$$
$$= \frac{3}{4}.$$

23. 随机变量 X 的概率密度为

$$f(x) = \frac{1}{2}\mathrm{e}^{-|x|}, \quad x \in (-\infty, \infty).$$

求 X 的分布函数和 $P\{-1 < X < 1\}$.

解 X 的分布函数为

当 $x < 0$ 时，$F(x) = \int_{-\infty}^{x} f(x)\mathrm{d}x = \int_{-\infty}^{x} \frac{1}{2}\mathrm{e}^{t}\mathrm{d}t = \frac{1}{2}\mathrm{e}^{x}$;

当 $x \geqslant 0$ 时，$F(x) = \int_{-\infty}^{x} f(x)\mathrm{d}x = \int_{-\infty}^{0} \frac{1}{2}\mathrm{e}^{x}\mathrm{d}x + \int_{0}^{x} \frac{1}{2}\mathrm{e}^{-t}\mathrm{d}t = 1 - \frac{1}{2}\mathrm{e}^{-x}.$

$$P\{-1 < x < 1\} = F(1) - F(-1) = 1 - \frac{1}{2}\mathrm{e}^{-1} - \frac{1}{2}\mathrm{e}^{-1} = 1 - \mathrm{e}^{-1}.$$

24. 某种元件寿命 X(单位：小时)服从参数为 $\lambda = \dfrac{1}{300}$ 的指数分布. 现有 4 个这种元件各自独立的工作, 以 Y 表示这 4 个元件中寿命不超过 600 小时的元件个数.

(i) 写出 Y 的分布律;

(ii) 求至少有 3 个元件的寿命超过 600 小时的概率.

解 (i) 由条件, 元件寿命 X 的分布函数为

$$F(x) = \begin{cases} 1 - \mathrm{e}^{-\frac{1}{300}x}, & x \geqslant 0, \\ 0, & x < 0. \end{cases}$$

所以元件寿命不超过 600 小时的概率为

$$P\{X \leqslant 600\} = F(600) = 1 - \mathrm{e}^{-2}.$$

于是 $Y\{Y = k\} = \mathrm{C}_4^k(1 - \mathrm{e}^{-2})^k(\mathrm{e}^{-2})^{4-k}, k = 0, 1, 2, 3, 4.$

(ii) 所求概率为

$$P\{Y \leqslant 1\} = \mathrm{e}^{-8} + 4(1 - \mathrm{e}^{-2})\mathrm{e}^{-6} = 4\mathrm{e}^{-6} - 3\mathrm{e}^{-8}.$$

25. 某影院从下午 2:00 开始每半小时开演一部纪录片, 某人在 4:00 到 5:00 之间等可能到达影院. 试求他最多等待 10 分钟就能看到一部影片开演的概率.

解 设此人在 4 时 X 分到达影院, 由题意 X 在 $[0,60]$ 上服从均匀分布, 于是 X 的概率密度为

$$f(x) = \begin{cases} \dfrac{1}{60}, & 0 \leqslant x \leqslant 60, \\ 0, & 其他. \end{cases}$$

由于电影在 4 时 30 分和 5 时开演, 他必须且只需在 4 时 20 分到 4 时 30 分之间或 4 时 50 分到 5 时之间到达影院, 才能保证他最多等 10 分钟能看到影片开演, 故所求概率为

$$P\{20 < X < 30\} + P\{50 < X < 60\}$$

$$= \int_{20}^{30} \frac{1}{60} \mathrm{d}x + \int_{50}^{30} \frac{1}{60} \mathrm{d}x$$

$$= \frac{1}{3}.$$

26. (i) 设 $X \sim N(0.5, 4)$, 若 $P\{X > 0.5 - 2k\} = 0.95$, 求 k;

(ii) 设 $X \sim N(160, \sigma^2)$, 求使得 $P\{120 < X < 200\} \geqslant 0.86$ 成立最大的 σ;

(iii) 设 $X \sim N(3, 4)$, 求使得 $P\{a < X < 5\} = 0.5328$ 成立的 a.

解 (i) 利用 (2.3.15), 当 $X \sim N(0.5, 4)$ 时,

$$P\{X > 0.5 - 2k\} = 1 - P\{X \leqslant 0.5 - 2k\} = 0.95,$$

即 $\Phi\left(\dfrac{-2k}{2}\right) = 0.05$, 或 $1 - \Phi(k) = 0.05$, 查表得 $k = 1.65$.

(ii) 由 (2.3.15), 当 $X \sim N(160, \sigma^2)$ 时,

$$P\{120 < X < 200\} \geqslant 0.86,$$

可化为

$$\Phi\left(\frac{200 - 160}{\sigma}\right) - \Phi\left(\frac{120 - 160}{\sigma}\right) \geqslant 0.86$$

或者

$$2\Phi\left(\frac{40}{\sigma}\right) - 1 \geqslant 0.86,$$

$$\Phi\left(\frac{40}{\sigma}\right) \geqslant 0.93.$$

查表知, $\dfrac{40}{\sigma} \geqslant 1.48$, 于是 $\sigma \leqslant 27.03$.

(iii) 由 $X \sim N(3,4)$, 知

$$P\{a < X < 5\} = \Phi\left(\frac{5-3}{2}\right) - \Phi\left(\frac{a-3}{2}\right) = 0.5328,$$

所以

$$\Phi\left(\frac{a-3}{2}\right) = \Phi(1) - 0.5328 = 0.3085$$

或

$$1 - \Phi\left(\frac{3-a}{2}\right) = 0.3085,$$

$$\Phi\left(\frac{3-a}{2}\right) = 0.6915,$$

查表知 $\dfrac{3-a}{2} = 0.5$, 故知 $a = 2$.

27. 某厂生产的电阻值服从 $N(10.05, 0.06^2)$ 分布 (单位为 Ω), 规定电阻值在 $10.05 \pm 0.12\Omega$ 内为合格品, 求任意取一个电阻为不合格品的概率.

解　设电阻值 $X \sim N(10.05, 0.06^2)$, 则由条件, 电阻为合格品的概率为

$$P\{10.05 - 0.12 < X < 10.05 + 0.12\}$$
$$= \Phi\left(\frac{0.12}{0.06}\right) - \Phi\left(\frac{-0.12}{0.06}\right)$$
$$= 2\Phi(2) - 1$$
$$= 0.9545,$$

故任取一个电阻为不合格品的概率为 0.0455.

28. 某元件寿命 X(单位千小时) 的概率密度为

$$f(x) = \begin{cases} cxe^{-x^2}, & x > 0, \\ 0, & x \leqslant 0. \end{cases}$$

(i) 求常数 c 的值;

(ii) 求一个元件能正常使用 1 千小时以上的概率;

(iii) 若一个元件已经正常使用 1 千小时, 求它还能使用 1 千小时的概率.

解　(i) 由 $\displaystyle\int_{-\infty}^{\infty} f(x)\mathrm{d}x = 1$, 将 $f(x)$ 的表达式代入, 得

$$\int_{-\infty}^{\infty} f(x)\mathrm{d}x = \int_{0}^{\infty} cxe^{-x^2}\mathrm{d}x = c \cdot \left[-\frac{1}{2}e^{-x^2}\right]_{0}^{\infty}$$
$$= \frac{c}{2} = 1,$$

故 $c = 2$.

(ii) 一个元件能正常工作使用 1 千小时以上得概率为

$$
\begin{aligned}
P\{X > 1\} &= \int_1^\infty f(x)\mathrm{d}x \\
&= \int_1^\infty 2x\mathrm{e}^{-x^2}\mathrm{d}x \\
&= \mathrm{e}^{-1} \\
&= 0.3679.
\end{aligned}
$$

(iii) 所求概率为

$$
P\{X \geqslant 2 | X \geqslant 1\} = \frac{P\{X \geqslant 1, X \geqslant 2\}}{P\{X \geqslant 1\}} = \frac{P\{X \geqslant 2\}}{P\{X \geqslant 1\}} = \frac{\mathrm{e}^{-4}}{\mathrm{e}^{-1}} = \mathrm{e}^{-3} = 0.0498.
$$

29. 乘客在车站排队买票等待的时间 X(单位: 分钟) 服从参数为 0.2 的指数分布. 若等待时间超过 10 分钟, 他就离开. 该乘客每个月要到车站 5 次, 用 Y 表示一个月内他未买到票而离开窗口的次数, 写出 Y 的分布律, 并求他一个月不少于 1 次未买到票而离开的概率.

解　由条件,X 的分布密度为

$$
f(x) = \begin{cases} 0.2\mathrm{e}^{-0.2x}, & x \geqslant 0, \\ 0, & \text{其他}. \end{cases}
$$

于是乘客因等待时间超过 10 分钟而离开的概率为

$$
P\{X > 10\} = \int_0^\infty 0.2\mathrm{e}^{-0.2x}\mathrm{d}x = \mathrm{e}^{-2}.
$$

易知 $Y \sim B(5, \mathrm{e}^{-2})$, 即

$$
P\{Y = k\} = \mathrm{C}_5^k \mathrm{e}^{-2k}(1 - \mathrm{e}^{-2})^{5-k}, \quad k = 0, 1, 2, \cdots, 5.
$$

该乘客一个月不少于 1 次未买票而离开的概率为

$$
P\{Y \geqslant 1\} = 1 - P\{Y = 0\} = 1 - (1 - \mathrm{e}^{-2})^5 = 0.5167.
$$

30. 设 X 是 $[-2, 5]$ 上的均匀分布随机变量, 求关于 u 的二次方程

$$
4u^2 + 4Xu + X + 2 = 0
$$

有实根的概率.

解 $4u^2 + 4Xu + X + 2 = 0$ 有实根的条件为

$$16X^2 - 16X - 32 \geqslant 0,$$

即 $X \leqslant -1$ 或 $X \geqslant 2$, X 的概率密度为

$$f(x) = \begin{cases} \dfrac{1}{7}, & x \in [-2, 5], \\ 0, & \text{其他}, \end{cases}$$

故所求的概率为

$$P\{X \leqslant -1\} + P\{X \geqslant 2\} = \int_{-2}^{-1} \frac{1}{7} \mathrm{d}x + \int_{2}^{5} \frac{1}{7} \mathrm{d}x = \frac{4}{7}.$$

31. 袋中有编号为 1,2,3,4,5 的 5 只球, 从袋中同时取出 3 只球, 以 X 表示取出的 3 只球的最大号码, Y 表示取出的 3 只球中最小的号码, 求 (X, Y) 的联合分布律和 $P\{X - Y > 2\}$.

解 从编号为 1,2,3,4,5 的 5 只球中取出 3 只球的最大号码至少是 3. $\{X = 3\}$ 意味着从 5 只球中取出 1,2,3 号的 3 只球, 此时 $Y = 1$, 所以 $P\{X = 3, Y = 1\} = \dfrac{1}{C_5^3} = \dfrac{1}{10}$, 而 $P\{X = 3, Y = 2\} = 0, P\{X = 3, Y = 3\} = 0$.

为求 $P\{X = 4, Y = 1\}$, 注意到所求 3 只球中有 1 号和 4 号, 另一只从 2,3 中任取其一, 故 $P\{X = 4, Y = 1\} = \dfrac{2}{C_5^3} = \dfrac{2}{10}$. 类似可求其他的值, 结果是

Y \ X	3	4	5
1	$\dfrac{1}{10}$	$\dfrac{2}{10}$	$\dfrac{3}{10}$
2	0	$\dfrac{1}{10}$	$\dfrac{2}{10}$
3	0	0	$\dfrac{1}{10}$

最后 $P\{X - Y > 2\} = P\{X = 4, Y = 1\} + P\{X = 5, Y = 1\} + P\{X = 5, Y = 2\} = \dfrac{7}{10}$.

32. 设 X 的分布律为

X	1	2	3
P_X	$\dfrac{1}{3}$	$\dfrac{1}{3}$	$\dfrac{1}{3}$

而 Y 与 X 独立且分布律与 X 相同, 若 $U = \max\{X, Y\}, V = \min\{X, Y\}$, 试求 (U, V) 的联合分布律.

解　由于 X 与 Y 相互独立, 故

$$P\{U = 1, V = 1\} = P\{X = 1, Y = 1\} = P\{X = 1\} \cdot P\{Y = 1\} = \frac{1}{9}.$$

$$P\{U = 2, V = 1\} = P\{X = 2, Y = 1\} + P\{X = 1, Y = 2\} = \frac{2}{9}.$$

$$P\{U = 3, V = 1\} = P\{X = 3, Y = 1\} + P\{X = 1, Y = 3\} = \frac{2}{9}.$$

$$P\{U = 2, V = 2\} = P\{X = 2, Y = 2\} = \frac{1}{9}.$$

$$P\{U = 3, V = 2\} = P\{X = 3, Y = 2\} + P\{X = 2, Y = 3\} = \frac{2}{9}.$$

$$P\{U = 3, V = 3\} = P\{X = 3, Y = 3\} = \frac{1}{9}.$$

最后 (U, V) 的联合分布为

V ＼ U	1	2	3
1	$\frac{1}{9}$	$\frac{2}{9}$	$\frac{2}{9}$
2	0	$\frac{1}{9}$	$\frac{2}{9}$
3	0	0	$\frac{1}{9}$

33. 设随机变量 Z 服从参数 $\lambda = 1$ 的指数分布, 定义随机变量

$$X = \begin{cases} 0, & \text{若} Z \leqslant 1, \\ 1, & \text{若} Z > 1, \end{cases} \qquad Y = \begin{cases} 0, & \text{若} Z \leqslant 2, \\ 1, & \text{若} Z > 2. \end{cases}$$

求 (X, Y) 的联合分布律.

解　由 Z 服从参数为 1 的指数分布, 故

$$P\{Z \leqslant 1\} = 1 - \mathrm{e}^{-1}, \quad P\{Z \leqslant 2\} = 1 - \mathrm{e}^{-2}.$$

由题意知 (X, Y) 的联合分布律为

$$P\{X = 0, Y = 0\} = P\{Z \leqslant 1, Z \leqslant 2\} = P\{Z \leqslant 1\} = 1 - \mathrm{e}^{-1},$$

$$P\{X = 0, Y = 1\} = P\{Z \leqslant 1, Z > 2\} = 0,$$

$$P\{X = 1, Y = 0\} = P\{Z > 1, Z \leqslant 2\} = P\{1 < Z \leqslant 2\} = \mathrm{e}^{-1} - \mathrm{e}^{-2},$$

$$P\{X = 1, Y = 1\} = P\{Z > 1, Z > 2\} = P\{Z > 2\} = e^{-2}.$$

34. 5 件同类产品装在甲、乙两个盒中, 甲盒装 2 件乙盒装 3 件, 每件产品是合格品的概率都是 0.4, 现随机地取出一盒, 以 X 表示取得的产品数, Y 表示取得的合格品数, 写出 (X, Y) 的联合分布律, 并写出边缘分布律.

解 随机地取出一盒即各以 $\dfrac{1}{2}$ 的概率取得甲盒中的 2 件或取得乙盒中的 3 件. 故 $P\{X = 2\} = P\{X = 3\} = \dfrac{1}{2}$. 于是

$$P\{X = 2, Y = 0\} = P\{X = 2\} \cdot P\{Y = 0|X = 2\} = \frac{1}{2} \cdot 0.6^2 = 0.18,$$

$$P\{X = 2, Y = 1\} = P\{X = 2\} \cdot P\{Y = 1|X = 2\} = \frac{1}{2} C_2^1 \cdot 0.4 \cdot 0.6 = 0.24,$$

$$P\{X = 2, Y = 2\} = P\{X = 2\} \cdot P\{Y = 2|X = 2\} = \frac{1}{2} \cdot 0.4^2 = 0.08,$$

$$P\{X = 3, Y = 0\} = P\{X = 3\} \cdot P\{Y = 0|X = 3\} = \frac{1}{2} \cdot 0.6^3 = 0.108,$$

$$P\{X = 3, Y = 1\} = P\{X = 3\} \cdot P\{Y = 1|X = 3\} = \frac{1}{2} \cdot C_3^1 \cdot 0.4 \cdot 0.6^2 = 0.216,$$

$$P\{X = 3, Y = 2\} = P\{X = 3\} \cdot P\{Y = 2|X = 3\} = \frac{1}{2} \cdot C_3^2 0.4^2 \cdot 0.6 = 0.144,$$

$$P\{X = 3, Y = 3\} = P\{X = 3\} \cdot P\{Y = 3|X = 3\} = \frac{1}{2} \cdot 0.4^3 = 0.032.$$

所以 (X, Y) 的联合分布律和边缘分布律为

Y \\ X	2	3	$P._j$
0	0.18	0.108	0.288
1	0.24	0.216	0.456
2	0.08	0.144	0.224
3	0	0.032	0.032
$P_i.$	0.5	0.5	

35. 设 (X, Y) 的概率密度为

$$f(x, y) = \begin{cases} kx^2 + \dfrac{xy}{3}, & 0 \leqslant x \leqslant 1, 0 \leqslant y \leqslant 2, \\ 0, & \text{其他}. \end{cases}$$

求常数 k 的值及 $P\{X + Y \geqslant 1\}$.

解 由

$$\int_{-\infty}^{\infty} \int_{-\infty}^{\infty} f(x, y) \mathrm{d}x \mathrm{d}y = \int_0^1 \mathrm{d}x \int_0^2 \left(kx^2 + \frac{xy}{3}\right) \mathrm{d}y$$

$$= \int_0^1 \left(2kx^2 + \frac{2x}{3} \right) \mathrm{d}x = \frac{2k}{3} + \frac{1}{3} = 1$$

知 $k = 1$.

$$P\{X + Y \geqslant 1\} = \iint\limits_{x+y \geqslant 1} f(x,y)\mathrm{d}x\mathrm{d}y$$
$$= \int_0^1 \mathrm{d}x \int_{1-x}^2 \left(x^2 + \frac{xy}{3} \right) \mathrm{d}y$$
$$= \frac{65}{72}.$$

36. 设 (X, Y) 的概率密度为

$$f(x,y) = \begin{cases} k\mathrm{e}^{-(3x+4y)}, & x > 0, y > 0, \\ 0, & \text{其他}. \end{cases}$$

(i) 求常数 k 的值; (ii) 求 (X, Y) 的联合分布函数; (iii) 求 $P\{0 < X \leqslant 1, 1 < Y < 2\}$.

解　解 (i) 由

$$\int_{-\infty}^{\infty} \int_{-\infty}^{\infty} f(x,y)\mathrm{d}x\mathrm{d}y = \int_0^{\infty} k\mathrm{e}^{-3x}\mathrm{d}x \int_0^{\infty} \mathrm{e}^{-4y}\mathrm{d}y$$
$$= k \cdot \frac{1}{12} = 1.$$

知 $k = 12$.

(ii) (X, Y) 的联合分布函数为当 $x > 0, y > 0$ 时,

$$F(x,y) = \int_0^x 12\mathrm{e}^{-3u}\mathrm{d}u \int_0^y \mathrm{e}^{-4v}\mathrm{d}v$$
$$= (1 - \mathrm{e}^{-3x})(1 - \mathrm{e}^{-4y}),$$

故

$$F(x,y) = \begin{cases} (1 - \mathrm{e}^{-3x})(1 - \mathrm{e}^{-4y}), & x > 0, y > 0, \\ 0, & \text{其他}. \end{cases}$$

(iii)

$$P\{0 < x \leqslant 1, 1 < y < 2\} = \int_0^1 12\mathrm{e}^{-3x}\mathrm{d}x \int_1^2 \mathrm{e}^{-4y}\mathrm{d}y$$
$$= \int_0^x 12\mathrm{e}^{-3x}\mathrm{d}x \int_1^2 \mathrm{e}^{-4y}$$

$$= (1 - e^{-3})(e^{-4} - e^{-8})$$
$$= e^{-4} - e^{-7} - e^{-8} + e^{-11}.$$

37. 设 (X, Y) 的分布函数为

$$F(x, y) = \begin{cases} 1 - e^{-x} - xe^{-y}, & y \geqslant x > 0, \\ 1 - e^{-y} - ye^{-y}, & x > y > 0, \\ 0, & \text{其他}. \end{cases}$$

(i) 求边缘分布函数 $F_X(x)$, $F_Y(y)$; (ii) 求 (X, Y) 的联合概率密度.

解   (i) 对 $x > 0$,

$$\lim_{y \to \infty} F(x, y) = \lim_{y \to \infty} (1 - e^{-x} - xe^{-y}) = 1 - e^{-x},$$

所以

$$F_X(x) = \begin{cases} 1 - e^{-x}, & x > 0, \\ 0, & \text{其他}. \end{cases}$$

同理, 对 $y > 0$,

$$\lim_{x \to \infty} F(x, y) = \lim_{x \to \infty} (1 - e^{-y} - ye^{-y}) = 1 - e^{-y} - ye^{-y},$$

所以

$$F_Y(y) = \begin{cases} 1 - e^{-y} - ye^{-y}, & x > 0, \\ 0, & \text{其他}. \end{cases}$$

(ii) 由于当 $y \geqslant x > 0$ 时,

$$\frac{\partial^2 F(x, y)}{\partial x \partial y} = e^{-y},$$

而当 $x > y > 0$ 时 $\dfrac{\partial^2 F(x, y)}{\partial x \partial y} = 0$, 故 (X, Y) 的联合概率密度为

$$f(x, y) = \begin{cases} e^{-y}, & y \geqslant x > 0, \\ 0, & \text{其他}. \end{cases}$$

38. 设 (X, Y) 在由直线 $y = x$ 和曲线 $y = x^2 (x \geqslant 0)$ 所围区域 G 上服从均匀分布, 求 (X, Y) 的概率密度及边缘概率密度.

解   由于直线 $y = x$ 与曲线 $y = x^2$ 的两个交点 $(0, 0)$ 和 $(1, 1)$ 故区域 G 为 $\{(x, y) : 0 \leqslant x \leqslant 1, x^2 \leqslant y \leqslant x\}$, 故 G 的面积为

$$\int_0^1 (x - x^2) \mathrm{d}x = \frac{1}{6},$$

所以 (X,Y) 的概率密度为

$$f(x,y) = \begin{cases} 6, & 0 \leqslant x \leqslant 1, x^2 \leqslant y < x, \\ 0, & \text{其他}. \end{cases}$$

(X,Y) 的边缘密度为

$$f_X(x) = \int_{-\infty}^{\infty} f(x,y)\mathrm{d}y = \int_{x^2}^{x} 6\mathrm{d}y = 6(x - x^2), \quad 0 \leqslant x \leqslant 1,$$

$$f_Y(y) = \int_{-\infty}^{\infty} f(x,y)\mathrm{d}x = \int_{y}^{\sqrt{y}} 6\mathrm{d}x = 6(\sqrt{y} - y), \quad 0 \leqslant y \leqslant 1.$$

即

$$f_X(x) = \begin{cases} 6(x - x^2), & 0 \leqslant x \leqslant 1, \\ 0, & \text{其他}. \end{cases}$$

$$f_Y(y) = \begin{cases} 6(\sqrt{y} - y), & 0 \leqslant y \leqslant 1, \\ 0, & \text{其他}. \end{cases}$$

39. 设 (X,Y) 的概率密度为

$$f(x,y) = \begin{cases} x, & 0 \leqslant x \leqslant 2, \max\{0, x - 1\} \leqslant y \leqslant \min\{1, x\}, \\ 0, & \text{其他}. \end{cases}$$

求 (X,Y) 边缘概率密度.

解　注意到 (X,Y) 的概率密度可改写为

$$f(x,y) = \begin{cases} x, & 0 \leqslant x \leqslant 1, 0 \leqslant y \leqslant x, \\ x, & 1 < x \leqslant 2, x - 1 \leqslant y \leqslant 1, \\ 0, & \text{其他}. \end{cases}$$

所以, 当 $0 \leqslant x \leqslant 1$ 时,

$$f_X(x) = \int_{-\infty}^{\infty} f(x,y)\mathrm{d}y = \int_{0}^{x} x\mathrm{d}y = x^2,$$

当 $1 \leqslant x \leqslant 2$ 时,

$$f_X(x) = \int_{-\infty}^{\infty} f(x,y)\mathrm{d}y = \int_{x-1}^{1} x\mathrm{d}y = x(2 - x),$$

于是

$$f_X(x) = \begin{cases} x^2, & 0 \leqslant x \leqslant 1, \\ 2x - x^2, & 1 < x \leqslant 2, \\ 0, & \text{其他}. \end{cases}$$

当 $0 \leqslant y \leqslant 1$ 时

$$f_Y(y) = \int_{-\infty}^{\infty} f(x,y)\mathrm{d}x = \int_y^1 x\mathrm{d}x + \int_1^{1+y} x\mathrm{d}x$$

$$= \int_y^{1+y} x\mathrm{d}x$$

$$= y + \frac{1}{2},$$

于是

$$f_Y(y) = \begin{cases} y + \dfrac{1}{2}, & 0 \leqslant y \leqslant 1, \\ 0, & \text{其他}. \end{cases}$$

40. 一批同类产品中, 一级品占 15%, 二级品占 60%, 三级品占 20%, 其余是次品. 今从中任取 10 件, X, Y, Z 分别为其中一、二、三级品的件数, 试求 (i)(X,Y,Z) 的分布律; (ii)$P\{X = 2, Y = 6, Z = 2\}$;(iii) 求 X 的分布律.

解 (i) 本题涉及到二项分布的推广, 即多元分布. 在 n 次伯努利试验中, 每次试验的结果有 $A_1, A_2, \cdots, A_r$ 共 r 个可能的结果, 且每次试验中 A_i 发生的概率为 $p_i, i = 1, 2, \cdots, r$, 满足

$$p_1 + p_2 + \cdots + p_r = 1, \quad p_i \geqslant 0.$$

n 次试验的可能结果是由诸 A_i 组成的一个 n 元序列, 如 $A_1 A_3 A_1 A_2 \cdots$, 其中 A_1 出现k_1 次,A_2 出现 k_2 次,$\cdots$, A_r 出现 k_r 次,$k_1 + k_2 + \cdots + k_r = n$. 上述的 n 元序列共有 $\dfrac{n!}{k_1! k_2! \cdots k_r!}$ 种可能, 每种可能的结果出现的概率都是 $p_1{}^{k_1} p_2{}^{k_2} \cdots p_r{}^{k_r}$. 所以 n 次伯努利试验中 A_1 出现 k_1 次, A_2 出现 k_2 次,$\cdots$, A_r 出现 k_r 次的概率为

$$\frac{n!}{k_1! k_2! \cdots k_r!} p_1{}^{k_1} p_2{}^{k_2} \cdots p_r{}^{k_r}, \tag{$*$}$$

其中 k_i 为非负整数, 且 $k_1 + k_2 + \cdots + k_r = n$. 由于

$$\sum \frac{n!}{k_1! k_2! \cdots k_r!} p_1{}^{k_1} p_2{}^{k_2} \cdots p_r{}^{k_r} = (p_1 + p_2 + \cdots + p_r)^n = 1,$$

故 $(*)$ 是一个概率分布, 就称为多项分布,$r = 2$ 时即化为二项分布.

本题中 A_1 表示一级品,A_2 表示二级品,A_3 表示三级品,A_4 表示次品, 相应的 $p_1 = 0.15, p_2 = 0.6, p_3 = 0.2, p_4 = 0.05$. 所以 (X, Y, Z) 的分布律为

$$P\{X = m_1, Y = m_2, Z = m_3\}$$

$$= \frac{10!}{m_1! m_2! m_3! (10 - m_1 - m_2 - m_3)!} \cdot 0.15^{m_1} \cdot 0.6^{m_2} \cdot 0.2^{m_3} \cdot 0.05^{10 - m_1 - m_2 - m_3},$$

其中 m_1, m_2, m_3 为非负整数, $m_1 + m_2 + m_3 \leqslant 10$.

(ii) $P\{X = 2, Y = 6, Z = 2\} = \dfrac{10!}{2!6!2!} \cdot 0.15^2 \cdot 0.6^6 \cdot 0.2^2 = 0.0529$.

(iii) 为求 X 的分布律, 注意到: $\{X = k\}$ 意味着 10 件产品中有 k 个一级品, $10-k$ 个其他产品, 这是二项分布, 故

$$P\{X = k\} = C_{10}^k \cdot 0.15^k \cdot 0.85^{10-k}, \quad k = 0, 1, \cdots, 10.$$

41. 以 X 计某医院一天出生的婴儿数, 以 Y 记其中男婴个数. 设 (X, Y) 的联合分布律为

$$P\{X = n, Y = m\} = \frac{\mathrm{e}^{-14}(7.14)^m(6.86)^{n-m}}{m!(n-m)!}, \quad n = 0, 1, 2, \cdots, m = 0, 1, \cdots, n.$$

(i) 求边缘分布律 $P\{X = n\}, n = 0, 1, \cdots$ 和 $P\{Y = m\}, m = 0, 1, \cdots$;

(ii) 求条件分布律 $P\{X = n \mid Y = m\}, n = m, m+1, \cdots$ 和 $P\{Y = m \mid X = n\}, m = 0, 1, \cdots, n$.

解　(i) 由 (2.5.3) 式

$$P\{X = n\} = \sum_{m=0}^n P\{X = n, Y = m\}$$

$$= \sum_{m=0}^n \frac{\mathrm{e}^{-14} \cdot 7.14^m \cdot 6.86^{n-m}}{m!(n-m)!}$$

$$= \sum_{m=0}^n \frac{\mathrm{e}^{-14} \cdot 14^n}{n!} \cdot C_n^m \left(\frac{7.14}{14}\right)^m \left(\frac{6.86}{14}\right)^{n-m}$$

$$= \frac{14^n}{n!}\mathrm{e}^{-14}, \quad n = 0, 1, \cdots.$$

$$P\{Y = m\} = \sum_{n=m}^\infty P\{X = n, Y = m\}$$

$$= \sum_{n=m}^\infty \frac{\mathrm{e}^{-14} \cdot 7.14^m \cdot 6.86^{n-m}}{m!(n-m)!}$$

$$= \frac{\mathrm{e}^{-14} \cdot 7.14^m}{m!} \sum_{n=m}^\infty \frac{6.86^{n-m}}{(n-m)!}$$

$$= \frac{7.14^m}{m!}\mathrm{e}^{-7.14}, \quad m = 0, 1, \cdots.$$

(ii) 对于 $m = 0, 1 \cdots$, $P\{X = n | Y = m\} = \dfrac{P\{X = n, Y = m\}}{P\{Y = m\}} = \dfrac{6.86^{n-m}}{(n-m)!} \mathrm{e}^{-6.86}$,

$n = m, m + 1, \cdots$;

对于 $n = 0, 1 \cdots$, $P\{Y = m | X = n\} = \dfrac{P\{X = n, Y = m\}}{P\{X = n\}} = \mathrm{C}_n^m \left(\dfrac{7.14}{14}\right)^m$

$\left(\dfrac{6.86}{14}\right)^{n-m}$, $m = 0, 1, \cdots, n$.

42. 设 (X, Y) 在圆 $x^2 + y^2 \leqslant R^2$ 上服从均匀分布, 求边缘概率密度 $f_X(x)$, $f_Y(y)$ 及条件概率密度 $f_Y(y \mid x)$.

解　由条件, (X, Y) 的联合概率密度为

$$f(x, y) = \begin{cases} \dfrac{1}{\pi R^2}, & x^2 + y^2 \leqslant R^2, \\ 0, & \text{其他}, \end{cases}$$

所以边缘密度为

$$\begin{aligned} f_X(x) &= \int_{-\infty}^{\infty} f(x, y) \mathrm{d}y \\ &= \begin{cases} \displaystyle\int_{-\sqrt{R^2 - x^2}}^{\sqrt{R^2 - x^2}} \dfrac{1}{\pi R^2} \mathrm{d}y = \dfrac{2}{\pi R^2} \sqrt{R^2 - x^2}, & -R \leqslant x \leqslant R, \\ 0, & \text{其他}. \end{cases} \end{aligned}$$

$$\begin{aligned} f_Y(y) &= \int_{-\infty}^{\infty} f(x, y) \mathrm{d}x \\ &= \begin{cases} \displaystyle\int_{-\sqrt{R^2 - y^2}}^{\sqrt{R^2 - y^2}} \dfrac{1}{\pi R^2} \mathrm{d}x = \dfrac{2}{\pi R^2} \sqrt{R^2 - y^2}, & -R \leqslant y \leqslant R, \\ 0, & \text{其他}. \end{cases} \end{aligned}$$

而条件概率密度当 $-R < x < R$ 时

$$\begin{aligned} f_Y(y|x) &= \dfrac{f(x, y)}{f_X(x)} \\ &= \begin{cases} \dfrac{\dfrac{1}{\pi R^2}}{\dfrac{2}{\pi R^2} \sqrt{R^2 - x^2}} = \dfrac{1}{2\sqrt{R^2 - x^2}}, & -\sqrt{R^2 - x^2} \leqslant y \leqslant \sqrt{R^2 - x^2}, \\ 0, & \text{其他}. \end{cases} \end{aligned}$$

43. 设 $X \sim N(0, 1)$, 对任意实数 x, 在 $X = x$ 的条件下, Y 的条件分布为 $N(3 + 1.6x, (1.2)^2)$, 求 (X, Y) 的联合概率密度.

解　利用 $f(x,y) = f_X(x)f_Y(y|x) = f_Y(y)f_X(x|y).$
由条件

$$f_X(x) = \frac{1}{\sqrt{2\pi}}\mathrm{e}^{-\frac{x^2}{2}},$$

$$f_Y(y|x) = \frac{1}{\sqrt{2\pi}\cdot 1.2}\mathrm{e}^{-\frac{(y-3-1.6x)^2}{2\cdot 1.2^2}},$$

于是由 (2.6.7) 可知

$$f(x,y) = f_X(x)\cdot f_Y(y|x) = \frac{1}{2.4\pi}\exp\left\{-\frac{x^2}{2}-\frac{(y-3)^2-3.2x(y-3)+2.56x^2}{2.88}\right\}$$

$$= \frac{1}{2.4\pi}\exp\left\{-\frac{x^2-0.8x(y-3)+\frac{(y-3)^2}{4}}{0.72}\right\}.$$

44. 设 (X,Y) 的联合概率密度为

$$f(x,y) = \begin{cases} \dfrac{1}{2x^2y}, & 1\leqslant x < \infty, \dfrac{1}{x} < y < x, \\ 0, & 其他. \end{cases}$$

求边缘概率密度 $f_X(x), f_Y(y)$ 及条件概率密度 $f_X(x\mid y), f_Y(y\mid x).$

解　对 $x \geqslant 1,$

$$f_X(x) = \int_{-\infty}^{\infty} f(x,y)\mathrm{d}y = \int_{\frac{1}{x}}^{x}\frac{1}{2x^2y}\mathrm{d}y = \frac{\ln x}{x^2},$$

于是

$$f_X(x) = \begin{cases} \dfrac{\ln x}{x^2}, & x \geqslant 1, \\ 0, & x < 1. \end{cases}$$

在求 $f_Y(y)$ 时, 注意到 $f(x,y)$ 取非 0 值的区域 $\frac{1}{x} < y < x,$ 即 $x > \frac{1}{y},$ 故当 $0 < y \leqslant 1$ 时, $x > \frac{1}{y} \geqslant 1,$ 故此时

$$f_Y(y) = \int_{-\infty}^{\infty} f(x,y)\mathrm{d}x = \int_{\frac{1}{y}}^{\infty}\frac{1}{2x^2y}\mathrm{d}x = \frac{1}{2},$$

当 $y > 1$ 时, $\frac{1}{y} < 1,$ 此时 $x > y > 1,$ 故

$$f_Y(y) = \int_{-\infty}^{\infty} f(x,y)\mathrm{d}x = \int_{y}^{\infty}\frac{1}{2x^2y}\mathrm{d}x = \frac{1}{2y^2},$$

于是

$$f_Y(y) = \begin{cases} \dfrac{1}{2}, & 0 < y \leqslant 1, \\ \dfrac{1}{2y^2}, & y > 1, \\ 0, & y \leqslant 0. \end{cases}$$

由 $f_X(x|y) = \dfrac{f(x,y)}{f_Y(y)}$, 容易求得

当 $0 < y \leqslant 1$ 时

$$f_X(x|y) = \begin{cases} \dfrac{1}{x^2 y}, & x > \dfrac{1}{y}, \\ 0, & x \leqslant \dfrac{1}{y}; \end{cases}$$

当 $y > 1$ 时

$$f_X(x|y) = \begin{cases} \dfrac{y}{x^2}, & x > y, \\ 0, & x \leqslant y. \end{cases}$$

由 $f_Y(y|x) = \dfrac{f(x,y)}{f_X(x)}$, 易知当 $x > 1$ 时

$$f_Y(y|x) = \begin{cases} \dfrac{1}{2y \ln x}, & \dfrac{1}{x} < y < x, \\ 0, & \text{其他.} \end{cases}$$

注意, 在求 $f_X(x), f_Y(y)$ 时分情况讨论要根据 $f(x,y)$ 的定义域的不等式和定积分的计算结合起来考虑. 当然还可以通过作出定义域的图形来确定相应的定积分的上下限, 读者可自己练习.

45. 设 (X,Y) 的联合分布函数为

$$F(x,y) = \begin{cases} 1 - \mathrm{e}^{-0.5x} - \mathrm{e}^{-0.5y} + \mathrm{e}^{-0.5(x+y)}, & x \geqslant 0, y \geqslant 0, \\ 0, & \text{其他.} \end{cases}$$

(i) 试问 X, Y 是否独立? 证明你的结论;

(ii) 求 $P\{X > 100, Y > 100\}$.

解 (i) 由于 $x \geqslant 0$ 时,

$$\begin{aligned} F_X(x) &= \lim_{y \to \infty} F(x,y) = \lim_{y \to \infty} [1 - \mathrm{e}^{-0.5x} - \mathrm{e}^{-0.5y} + \mathrm{e}^{-0.5(x+y)}] \\ &= 1 - \mathrm{e}^{-0.5x}, \end{aligned}$$

而 $x < 0$ 时 $F_X(x) = 0$, 又 $y \geqslant 0$ 时

$$F_Y(y) = \lim_{x \to \infty} F(x,y) = \lim_{x \to \infty} [1 - \mathrm{e}^{-0.5x} - \mathrm{e}^{-0.5y} + \mathrm{e}^{-0.5(x+y)}]$$

$$= 1 - \mathrm{e}^{-0.5y},$$

$y < 0$ 时 $F_Y(y) = 0$, 于是有

$$F(x, y) = F_X(x) \cdot F_Y(y),$$

所以 X 与 Y 相互独立.

(ii) 由 X 和 Y 相互独立, 故

$$P\{X > 100, Y > 100\} = P\{X > 100\} \cdot P\{Y > 100\} = [1 - F_X(100)(1 - F_Y(100)]$$

$$= \mathrm{e}^{-50} \cdot \mathrm{e}^{-50} = \mathrm{e}^{-100}.$$

46. 设 (X, Y, Z) 的概率密度为

$$f(x, y, z) = \begin{cases} \dfrac{1}{8\pi^3}(1 - \sin x \sin y \sin z), & 0 \leqslant x, y, z \leqslant 2\pi, \\ 0, & \text{其他}. \end{cases}$$

证明 X, Y, Z 两两独立, 但不相互独立.

证明　当 $0 \leqslant x, y \leqslant 2\pi$ 时, (X, Y) 的联合概率密度为

$$\begin{aligned} f_{XY}(x, y) &= \int_{-\infty}^{\infty} f(x, y, z)\mathrm{d}z \\ &= \int_0^{2\pi} \frac{1}{8\pi^3}(1 - \sin x \sin y \sin z)\mathrm{d}z \\ &= \frac{1}{8\pi^3}[z - \sin x \sin y(-\cos z)]_{z=0}^{z=2\pi} \\ &= \frac{1}{4\pi^2}, \end{aligned}$$

其他 $f_{XY}(x, y) = 0$. 当 $0 \leqslant x \leqslant 2\pi$ 时

$$f_X(x) = \int_0^{2\pi} \mathrm{d}y \int_0^{2\pi} \frac{1}{8\pi^3}(1 - \sin x \sin y \sin z)\mathrm{d}z = \frac{1}{2\pi}.$$

其他 $f_X(x) = 0$, 由 X, Y, Z 在概率密度表达式中地位的对称性, 我们已求出

$$f_{XY}(x, y) = \begin{cases} \dfrac{1}{4\pi^2}, & 0 \leqslant x, y \leqslant 2\pi, \\ 0, & \text{其他}. \end{cases}$$

$$f_X(x) = \begin{cases} \dfrac{1}{2\pi}, & 0 \leqslant x \leqslant 2\pi, \\ 0, & \text{其他}. \end{cases}$$

$$f_Y(y) = \begin{cases} \dfrac{1}{2\pi}, & 0 \leqslant y \leqslant 2\pi, \\ 0, & \text{其他}. \end{cases}$$

$$f_Z(z) = \begin{cases} \dfrac{1}{2\pi}, & 0 \leqslant y \leqslant 2\pi, \\ 0, & \text{其他}. \end{cases}$$

$$f_{YZ}(y,z) = \begin{cases} \dfrac{1}{4\pi^2}, & 0 \leqslant y, z \leqslant 2\pi, \\ 0, & \text{其他}. \end{cases}$$

$$f_{ZX}(z,x) = \begin{cases} \dfrac{1}{4\pi^2}, & 0 \leqslant z, x \leqslant 2\pi, \\ 0, & \text{其他}. \end{cases}$$

由于 $f_{XY}(x,y) = f_X(x)f_Y(y), f_{YZ}(y,z) = f_Y(y)f_Z(z), f_{ZX}(z,x) = f_Z(z)f_X(x)$, 故得证 X, Y, Z 两两独立. 但当 $0 < x, y, z < 2\pi$ 时,

$$f(x,y,z) \neq f_X(x)f_Y(y)f_Z(z),$$

故 X, Y, Z 不相互独立.

47. 设 X, Y 分别表示甲、乙两个元件的寿命 (单位千小时), 其概率密度分别为

$$f_X(x) = \begin{cases} \mathrm{e}^{-x}, & x > 0, \\ 0, & x \leqslant 0, \end{cases} \qquad f_Y(y) = \begin{cases} 2\mathrm{e}^{-2y}, & y > 0, \\ 0, & y \leqslant 0, \end{cases}$$

若 X 与 Y 独立, 两个元件同时开始使用, 求甲比乙先坏的概率.

解　由于 X 与 Y 相互独立, 故 (X, Y) 的概率密度为

$$f(x,y) = f_X(x)f_Y(y) = \begin{cases} 2\mathrm{e}^{-(x+2y)}, & x > 0, y > 0, \\ 0, & \text{其他}. \end{cases}$$

甲比乙先坏即 $Y > X$, 所以所求概率为

$$\begin{aligned} P\{Y > X\} &= \iint\limits_{y > x} f(x,y)\mathrm{d}x\mathrm{d}y \\ &= \int_0^\infty \mathrm{d}x \int_x^\infty 2\mathrm{e}^{-(x+2y)}\mathrm{d}y \\ &= \frac{1}{3}. \end{aligned}$$

48. 已知 X 与 Y 独立, X 在 $(0, 0.2)$ 上服从均匀分布, Y 服从参数为 $\lambda = 5$ 的指数分布.

(i) 求 (X, Y) 的联合概率密度;

(ii) 求 $P\{Y \leqslant X\}$.

解 (i) 由条件 X 与 Y 独立, 且

$$f_X(x) = \begin{cases} 5, & 0 < x < 0.2, \\ 0, & \text{其他}. \end{cases}$$

$$f_Y(y) = \begin{cases} 5\mathrm{e}^{-5y}, & y > 0, \\ 0, & \text{其他}. \end{cases}$$

所以 (X, Y) 的联合概率密度为

$$f(x, y) = f_X(x)f_Y(y) = \begin{cases} 25\mathrm{e}^{-5y}, & 0 < x < 0.2, y > 0 \\ 0, & \text{其他}. \end{cases}$$

(ii)

$$\begin{aligned} P\{Y \leqslant X\} &= \iint\limits_{y \leqslant x} f(x, y)\mathrm{d}x\mathrm{d}y \\ &= \int_0^{0.2} \mathrm{d}x \int_0^x 25\mathrm{e}^{-5y}\mathrm{d}y \\ &= 5\int_0^{0.2} (1 - \mathrm{e}^{-5x})\mathrm{d}x \\ &= \mathrm{e}^{-1}. \end{aligned}$$

49. 设 X 的分布律为

X	-2	-1	0	1	3
P_X	$\dfrac{1}{5}$	$\dfrac{1}{6}$	$\dfrac{1}{5}$	$\dfrac{1}{15}$	$\dfrac{11}{30}$

求 $Y = X^2$ 的分布律.

解 $Y = X^2$ 的所有可能取值为 $0, 1, 4, 9$, 其分布律为

$$P\{Y = 1\} = P\{X = 1\} + P\{X = -1\} = \frac{1}{15} + \frac{1}{6} = \frac{7}{30},$$

$$P\{Y = 0\} = P\{X = 0\} = \frac{1}{5},$$

$$P\{Y = 4\} = P\{X = -2\} = \frac{1}{5},$$

$$P\{Y = 9\} = P\{X = 3\} = \frac{11}{30}.$$

50. 由统计物理知分子运动速度的绝对值 X 服从马克斯韦尔 (Maxwell) 分布, 其概率密度为

$$f(x) = \begin{cases} \dfrac{4x^2}{a^3\sqrt{\pi}}\mathrm{e}^{-\frac{x^2}{a^2}}, & x > 0, \\ 0, & x \leqslant 0, \end{cases}$$

其中 $a > 0$ 为常数, 求分子动能 $Y = \dfrac{1}{2}mX^2$ (m 为分子质量, 是常数) 的概率密度.

解法 1 利用定理 2.7.1. 令 $y = g(x) = \dfrac{1}{2}mx^2$, 则分子动能

$$Y = g(X),$$

$g(x)$ 的反函数 $h(y) = \sqrt{\dfrac{2y}{m}}$ (由于 X 是速度的绝对值, 故只取正的一支),

$$h'(y) = \frac{1}{\sqrt{2my}},$$

所以 Y 的概率密度为

$$\begin{aligned}
\psi(y) &= f(h(y))|h'(y)| \\
&= \frac{4 \cdot \dfrac{2y}{m}}{a^3\sqrt{\pi}}\mathrm{e}^{-\frac{2y}{a^2 m}} \cdot \frac{1}{\sqrt{2my}} \\
&= \frac{4\sqrt{2y}}{m^{\frac{3}{2}}a^3\sqrt{\pi}}\mathrm{e}^{-\frac{2y}{ma^2}}, \quad y > 0,
\end{aligned}$$

当 $y \leqslant 0$ 时, $\psi(y) = 0$.

解法 2 先求 Y 的分布函数 $F_Y(y)$, 由于 $Y > 0$, 故当 $y \leqslant 0$ 时, $F_Y(y) = 0$, 当 $y > 0$ 时, 注意到 X 是速度的绝对值, $X \geqslant 0$, 故

$$\begin{aligned}
F_Y(y) &= P\{Y \leqslant y\} = P\left\{\frac{1}{2}mx^2 \leqslant y\right\} \\
&= P\left\{X \leqslant \sqrt{\frac{2y}{m}}\right\} = F_X\left(\sqrt{\frac{2y}{m}}\right).
\end{aligned}$$

对上式两边关于 y 求导, 可得 Y 的概率密度

$$\psi(y) = f\left(\sqrt{\frac{2y}{m}}\right) \cdot \left(\sqrt{\frac{2y}{m}}\right)',$$

显然所得结果与解法 1 是相同的.

51. 设 $X \sim N(0,1)$. 求

(i) $Y = X^2$; (ii)$Y = \mathrm{e}^X$; (iii)$Y = \sqrt{|X|}$ 的概率密度.

(i)**解法 1** 令 $y = g(x) = x^2$, 于是 $Y = g(X) = X^2$.由于 $X \sim N(0,1), X$ 取值可正可负, 故 $g(x)$ 的反函数 $h(y) = \pm\sqrt{y}, |h'(y)| = \dfrac{1}{2\sqrt{y}}$, 由定理 2.7.2, 当 $y > 0$ 时, Y 的概率密度为

$$\psi(y) = f_X(\sqrt{y})\left|\frac{\mathrm{d}\sqrt{y}}{\mathrm{d}y}\right| + f_X(-\sqrt{y})\left|\frac{\mathrm{d}(-\sqrt{y})}{\mathrm{d}y}\right|$$

$$= \left(\frac{1}{\sqrt{2\pi}}\mathrm{e}^{-\frac{y}{2}} + \frac{1}{\sqrt{2\pi}}\mathrm{e}^{-\frac{y}{2}}\right)\frac{1}{2\sqrt{y}}$$

$$= \frac{1}{\sqrt{2\pi y}}\mathrm{e}^{-\frac{y}{2}},$$

$y \leqslant 0$ 时,$\psi(y) = 0$.

解法 2 由 $Y = X^2$, 故 $Y \geqslant 0$. 所以当 $y < 0$ 时,Y 的概率密度 $\psi(y) = 0$, 当 $y \geqslant 0$ 时, 先求 y 的分布函数 $F_Y(y)$, 注意到 $X \sim N(0,1)$, 故

$$F_Y(y) = P\{Y \leqslant y\} = P\{X^2 \leqslant y\}$$

$$= P\{-\sqrt{y} \leqslant X \leqslant \sqrt{y}\}$$

$$= \Phi(\sqrt{y}) - \Phi(-\sqrt{y}) = 2\Phi(\sqrt{y}) - 1,$$

当 $y > 0$ 时, 上式两边对 y 求导, 可得

$$\psi(y) = 2 \cdot \frac{1}{\sqrt{2\pi}}\mathrm{e}^{-\frac{y}{2}} \cdot \frac{1}{2\sqrt{y}}$$

$$= \frac{1}{\sqrt{2\pi y}}\mathrm{e}^{-\frac{y}{2}},$$

所以

$$\psi(y) = \begin{cases} \dfrac{1}{\sqrt{2\pi}\,y}\mathrm{e}^{-\frac{y}{2}}, & y > 0, \\ 0, & y \leqslant 0. \end{cases}$$

(ii) **解法 1** 令 $y = g(x) = \mathrm{e}^x$, 故 $Y = g(X).g(x)$ 的反函数 $h(y) = \ln x, |h'(y)| = \dfrac{1}{y}, y > 0$. 所以由定理 2.7.1,$Y$ 的概率密度为

$$\psi(y) = \begin{cases} \dfrac{1}{\sqrt{2\pi}y}\mathrm{e}^{-\frac{(\ln y)^2}{2}}, & y > 0, \\ 0, & y \leqslant 0. \end{cases}$$

解法 2 由于 $Y = \mathrm{e}^X$, 故当 $y \leqslant 0$ 时,Y 的概率密度 $\psi(y) = 0$. 注意到 $X \sim N(0,1)$, 故 Y 的分布函数当 $y > 0$ 时,

$$F_Y(y) = P\{Y \leqslant y\} = P\{0 < Y \leqslant y\}$$

$$= P\{0 < \mathrm{e}^X \leqslant y\}$$
$$= P\{-\infty < X \leqslant \ln y\} = \varPhi(\ln y),$$

上式两边对 y 求导, 可得

$$\psi(y) = \frac{\mathrm{d}}{\mathrm{d}x}\varPhi(x)|_{x=\ln y} \cdot \frac{1}{y} = \frac{1}{\sqrt{2\pi}y}\mathrm{e}^{-\frac{(\ln y)^2}{2}},$$

所以 Y 的概率密度为

$$\psi(y) = \begin{cases} \dfrac{1}{\sqrt{2\pi}\,y}\mathrm{e}^{-\frac{(\ln y)^2}{2}}, & y > 0, \\ 0, & y \leqslant 0. \end{cases}$$

(iii) 由于 $Y = \sqrt{|X|} \geqslant 0$, 故当 $y < 0$ 时, Y 的概率密度为 $\psi(y) = 0$. 当 $y \geqslant 0$, 先求 Y 的分布函数, 对 $y \geqslant 0$,

$$F_Y(y) = P\{Y \leqslant y\} = P\{\sqrt{|X|} \leqslant y\}$$
$$= P\{-y^2 \leqslant X \leqslant y^2\}$$
$$= \varPhi(y^2) - \varPhi(-y^2)$$
$$= 2\varPhi(y^2) - 1,$$

上式两边对 y 求导, 可得

$$\psi(y) = \frac{2}{\sqrt{2\pi}}\mathrm{e}^{-\frac{y^4}{2}} \cdot 2y,$$

于是

$$\psi(y) = \begin{cases} \dfrac{4y}{\sqrt{2\pi}}\mathrm{e}^{-\frac{y^4}{2}}, & y \geqslant 0, \\ 0, & y < 0. \end{cases}$$

52. 设 X 的概率密度为

$$f(x) = \begin{cases} \dfrac{3}{8}x^2, & 0 < x < 2, \\ 0, & 其他. \end{cases}$$

求 $Y = (X-1)^2$ 的概率密度.

解 由条件 $0 < X < 2$, 故 $Y = (X-1)^2$ 的概率密度 $\psi(y)$ 当 $y \leqslant 0$ 或 $y \geqslant 1$ 时为 0, 当 $0 < y < 1$ 时, Y 的分布函数

$$F_Y(y) = P\{Y \leqslant y\} = P\{(X-1)^2 \leqslant y\}$$
$$= P\{1 - \sqrt{y} \leqslant X \leqslant 1 + \sqrt{y}\}$$

$$= F_X(1 + \sqrt{y}) - F_X(1 - \sqrt{y}).$$

上式对 y 两边求导, 可得

$$\psi(y) = f(1 + \sqrt{y}) \cdot \frac{1}{2\sqrt{y}} - f(1 - \sqrt{y}) \cdot \frac{1}{-2\sqrt{y}}$$
$$= \frac{1}{2\sqrt{y}} \cdot \frac{3}{8}[(1 + \sqrt{y})^2 + (1 - \sqrt{y})^2]$$
$$= \frac{3}{8\sqrt{y}}(1 + y).$$

于是

$$\psi(y) = \begin{cases} \dfrac{3}{8\sqrt{y}}(1 + y), & 0 < y < 1, \\ 0, & \text{其他}. \end{cases}$$

53. 设 X 服从柯西 (Cauchy) 分布

$$f(x) = \frac{1}{\pi(1 + x^2)}, \quad -\infty < x < \infty.$$

求 $Y = 1 - X^3$ 的概率密度.

解 先求 Y 的分布函数,

$$F_Y(y) = P\{Y \leqslant y\} = P\{1 - X^3 \leqslant y\}$$
$$= P\{X \geqslant \sqrt[3]{1 - y}\} = 1 - F_X(\sqrt[3]{1 - y}).$$

上式两边对 y 求导, 可得

$$\psi(y) = -f(\sqrt[3]{1 - y}) \cdot (\sqrt[3]{1 - y})'$$
$$= \frac{1}{\pi[1 + (1 - y)^{\frac{2}{3}}]} \cdot \frac{1}{3(1 - y)^{\frac{2}{3}}}$$
$$= \frac{1}{3\pi[1 + (1 - y)^{\frac{2}{3}}](1 - y)^{\frac{2}{3}}}.$$

54. 设随机变量 X 的分布函数 $F(x)$ 是严格单调的连续函数, 试证 $Y = F(X)$ 服从 $(0, 1)$ 上的均匀分布.

解 由于 X 的分布函数 $F(x)$ 是严格单调增的连续函数, 故必存在反函数 $F^{-1}(y)$, 也是严格单调增的. $Y = F(X)$ 的取值范围为 $(0, 1)$, 所以 Y 的分布函数为

$$F_Y(y) = P\{Y \leqslant y\} = P\{F(X) \leqslant y\}$$
$$= P\{X \leqslant F^{-1}(y)\}$$

$$= \begin{cases} 0, & y < 0, \\ F(F^{-1}(y)) = y, & y \in [0,1), \\ 1, & y \geqslant 1, \end{cases}$$

于是可知 $Y = F(x)$ 服从 $(0,1)$ 上的均匀分布.

55. 设 X 的概率密度为

$$f(x) = \begin{cases} \dfrac{2}{3\pi}, & -\dfrac{\pi}{2} < x < \pi, \\ 0, & 其他, \end{cases}$$

求 $Y = \cos X$ 的概率密度.

解法 1 与例 2.7.6 类似. 令 $y = g(x) = \cos x$, 此时 $Y = \cos X = g(X), Y$ 的值域为 $[-1,1]$. 在 $\left(-\dfrac{\pi}{2}, \dfrac{\pi}{2}\right)$ 上 $g(x)$ 有两个反函数 $h_1(y) = -\arccos y, h_2(y) = \arccos y, 0 < y < 1$, 此时由定理 2.7.2,

$$\psi(y) = f(-\arccos y) \left| \frac{\mathrm{d}(-\arccos y)}{\mathrm{d}y} \right| + f(\arccos y) \left| \frac{\mathrm{d}(\arccos y)}{\mathrm{d}y} \right|$$

$$= \frac{4}{3\pi\sqrt{1-y^2}}.$$

当 $-1 < y \leqslant 0$ 时, $g(x)$ 是严格单调的, $h(y) = \arccos y$, 由定理 2.7.1,

$$\psi(y) = f(\arccos y) \left| \frac{\mathrm{d}(\arccos y)}{\mathrm{d}y} \right|$$

$$= \frac{2}{3\pi\sqrt{1-y^2}},$$

于是

$$\psi(y) = \begin{cases} \dfrac{2}{3\pi\sqrt{1-y^2}}, & -1 < y \leqslant 0, \\ \dfrac{4}{3\pi\sqrt{1-y^2}}, & 0 < y < 1, \\ 0, & 其他. \end{cases}$$

解法 2 先求 $Y = \cos X$ 的分布函数.

当 $0 < y < 1$ 时,

$$F_Y(y) = P\{Y \leqslant y\}$$

$$= P\{\cos X \leqslant y\}$$

$$= P\left\{-\frac{\pi}{2} < X \leqslant -\arccos y\right\} + P\left\{\arccos y \leqslant X \leqslant \frac{\pi}{2}\right\}$$

$$= \int_{-\frac{\pi}{2}}^{-\arccos y} \frac{2}{3\pi} \mathrm{d}x + \int_{\arccos y}^{\frac{\pi}{2}} \frac{2}{3\pi} \mathrm{d}x = \frac{2}{3} - \frac{4}{3\pi} \arccos y,$$

上式两边对 y 求导可得, 当 $0 < y < 1$ 时

$$\psi(y) = \frac{4}{3\pi\sqrt{1-y^2}},$$

当 $-1 < y \leqslant 0$ 时,

$$F_Y(y) = P\{Y \leqslant y\} = P\{\cos X \leqslant y\}$$

$$= P\{\arccos y \leqslant X < \pi\}$$

$$= \int_{\arccos y}^{\pi} \frac{2}{3\pi} \mathrm{d}x = \frac{2}{3} - \frac{2}{3\pi} \arccos y,$$

上式两边对 y 求导可得, 当 $-1 < y \leqslant 0$ 时

$$\psi(y) = \frac{2}{3\pi\sqrt{1-y^2}},$$

于是得到与解法 1 同样的答案.

56. 设 X 与 Y 独立, 其概率密度分别为

(i) $f_X(x) = \begin{cases} 1, & 0 \leqslant x \leqslant 1, \\ 0, & \text{其他}, \end{cases}$ $f_Y(y) = \begin{cases} \mathrm{e}^{-y}, & y > 0, \\ 0, & y \leqslant 0; \end{cases}$

(ii) X 与 Y 均服从 $(-1, 1)$ 上的均匀分布;

(iii) $f_X(x) = \begin{cases} \mathrm{e}^{-x}, & x > 0, \\ 0, & x \leqslant 0, \end{cases}$ $f_Y(y) = \begin{cases} 2y, & 0 < y \leqslant 1, \\ 0, & \text{其他}; \end{cases}$

(iv) $f_X(x) = \begin{cases} \dfrac{10 - x}{50}, & 0 < x < 10, \\ 0, & \text{其他}, \end{cases}$ Y 与 X 同分布.

试求 $Z = X + Y$ 的概率密度.

解 (i) 由于 $f_X(x) = \begin{cases} 1, & 0 \leqslant x \leqslant 1, \\ 0, & \text{其他}, \end{cases}$ $f_Y(y) = \begin{cases} \mathrm{e}^{-y}, & y > 0, \\ 0, & y \leqslant 0, \end{cases}$

$$f_Z(z) = \int_{-\infty}^{\infty} f_X(x) f_Y(z - x) \mathrm{d}x$$

$$= \int_0^1 f_Y(z - x) \mathrm{d}x$$

$$\xlongequal{\diamondsuit u = z - x} \int_{z-1}^{z} f_Y(u) \mathrm{d}u$$

$$
= \begin{cases} \displaystyle\int_{z-1}^{z} f_Y(u) = 0, & z \leqslant 0, \\[3mm] \displaystyle\int_{z-1}^{0} f_Y(u)\mathrm{d}u + \int_{0}^{z} f(u)\mathrm{d}u = \int_{0}^{z} \mathrm{e}^{-u}\mathrm{d}u = 1 - \mathrm{e}^{-z}, & 0 < z \leqslant 1, \\[3mm] \displaystyle\int_{z-1}^{z} \mathrm{e}^{-u}\mathrm{d}u = \mathrm{e}^{1-z} - \mathrm{e}^{-z} = (\mathrm{e}-1)\mathrm{e}^{-z}, & z > 1. \end{cases}
$$

(ii) 由于 $f_X(x) = \begin{cases} \dfrac{1}{2}, & -1 < x < 1, \\[2mm] 0, & \text{其他}, \end{cases}$　$f_Y(y) = \begin{cases} \dfrac{1}{2}, & -1 < y < 1, \\[2mm] 0, & \text{其他}, \end{cases}$

$$
\begin{aligned}
f_Z(z) &= \int_{-\infty}^{\infty} f_X(x) f_Y(z-x)\mathrm{d}x \\
&= \int_{-1}^{1} \frac{1}{2} f_Y(z-x)\mathrm{d}x \\
&\xlongequal{\diamondsuit u = z - x} \frac{1}{2} \int_{z-1}^{z+1} f_Y(u)\mathrm{d}u \\
&= \begin{cases} 0, & z \leqslant -2, \\[3mm] \dfrac{1}{2}\displaystyle\int_{-1}^{z+1} f(u)\mathrm{d}u = \dfrac{1}{4}(z+2), & -2 < z \leqslant 0, \\[3mm] \dfrac{1}{2}\displaystyle\int_{z-1}^{1} f(u)\mathrm{d}u = \dfrac{1}{4}(2-z), & 0 < z \leqslant 2, \\[3mm] 0, & z > 2. \end{cases}
\end{aligned}
$$

(iii)　$\begin{aligned}[t] f_Z(z) &= \int_{-\infty}^{\infty} f_X(z-y) f_Y(y)\mathrm{d}y \\ &= \int_{0}^{1} 2y f_X(z-y)\mathrm{d}y \\ &\xlongequal{\diamondsuit z - y = u} \int_{z-1}^{z} 2(z-u) f_X(u)\mathrm{d}u \\ &= \begin{cases} \displaystyle\int_{0}^{z} 2(z-u)\mathrm{e}^{-u}\mathrm{d}u = 2\mathrm{e}^{-z} + 2z - 2, & 0 < z \leqslant 1, \\[3mm] \displaystyle\int_{z-1}^{z} 2(z-u)\mathrm{e}^{-u}\mathrm{d}u = 2\mathrm{e}^{-z}, & z > 1, \\[3mm] 0, & z \leqslant 0. \end{cases} \end{aligned}$

(iv)　$f_Z(z) = \int_{-\infty}^{\infty} f_X(x) f_Y(z-x) \mathrm{d}x$

$$= \int_0^{10} \frac{10-x}{50} f_Y(z-x) \mathrm{d}x$$

$$\xlongequal{\text{令} u = z - x} \int_{z-10}^{z} \frac{10-z+u}{50} \cdot f_Y(u) \mathrm{d}u$$

$$= \begin{cases} \int_0^{z} \dfrac{10-z+u}{50} \cdot \dfrac{10-u}{50} \mathrm{d}u, & 0 \leqslant z \leqslant 10, \\[3mm] \int_{z-10}^{10} \dfrac{10-z+u}{50} \cdot \dfrac{10-u}{50} \mathrm{d}u, & 10 < z \leqslant 20, \\[3mm] 0, & \text{其他} \end{cases}$$

$$= \begin{cases} \dfrac{1}{15000}(600z - 60z^2 + z^3), & 0 \leqslant z \leqslant 10, \\[3mm] \dfrac{1}{15000}(8000 - 1200z + 60z^2 - z^3), & 10 < z \leqslant 20, \\[3mm] 0, & \text{其他}. \end{cases}$$

注意上面 4 个小题均可用例 2.7.6 中的另一解法来作. 我们只写出第 (iv) 题的解法 2. 由于

$$f_X(x) = \begin{cases} \dfrac{10-x}{50}, & 0 < x < 10, \\[2mm] 0, & \text{其他}, \end{cases} \qquad f_Y(y) = \begin{cases} \dfrac{10-y}{50}, & 0 < y < 10, \\[2mm] 0, & \text{其他}, \end{cases}$$

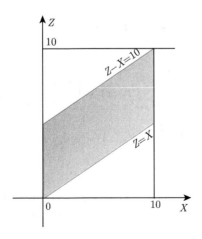

图 2-1

积分 $f_Z(z) = \int_{-\infty}^{\infty} f_X(x) f_Y(z-x) \mathrm{d}x$ 的被积函数当 $0 < x < 10, 0 < z - x < 10$, 即 (x, z) 位于图 2-1 中的阴影部分时, 被积函数为 $\dfrac{10-x}{50} \cdot \dfrac{10-z+x}{50}$, 所以

$$f_X(x) = \begin{cases} \displaystyle\int_0^z \frac{10-x}{50} \cdot \frac{10-z+x}{50} \mathrm{d}x, & 0 \leqslant z \leqslant 10 \text{ 时}, \\ \displaystyle\int_{z-10}^{10} \frac{10-x}{50} \cdot \frac{10-z+x}{50} \mathrm{d}x, & 10 < z \leqslant 20 \text{ 时}, \\ 0, & \text{其他}. \end{cases}$$

于是可以得到与上面同样的结果.

57. 设 X, Y 独立, 其概率密度分别为 $f_X(x), f_Y(y)$. 证明 $Z = aX + bY$ 的概率密度为

$$f_Z(z) = \int_{-\infty}^{\infty} f_X\left(\frac{x}{a}\right) f_Y\left(\frac{z-x}{b}\right) \frac{1}{|a||b|} \mathrm{d}x,$$

其中 a, b 为非零常数.

解 由于 X 与 Y 独立, 故 (X, Y) 的概率密度为

$$f(x, y) = f_X(x) f_Y(y).$$

于是 $Z = aX + bY$ 的分布函数为

$$F_Z(z) = P\{Z \leqslant z\} = \iint\limits_{ax+by \leqslant z} f(x, y) \mathrm{d}x \mathrm{d}y,$$

若 $b > 0$, 则 $F_Z(z) = \displaystyle\int_{-\infty}^{\infty} \mathrm{d}x \int_{-\infty}^{\frac{z-ax}{b}} f_X(x) f_Y(y) \mathrm{d}y$.

两边对 z 求导可得,

$$f_Z(z) = \int_{-\infty}^{\infty} f_X(x) f_Y\left(\frac{z-ax}{b}\right) \cdot \frac{1}{b} \mathrm{d}x,$$

若 $b < 0$, 则 $F_Z(z) = \displaystyle\int_{-\infty}^{\infty} dx \int_{\frac{z-ax}{b}}^{\infty} f_X(x) f_Y(y) \mathrm{d}y$.

两边对 z 求导可得,

$$f_Z(z) = \int_{-\infty}^{\infty} f_X(x) f_Y\left(\frac{z-ax}{b}\right) \cdot \frac{-1}{b} \mathrm{d}x,$$

所以

$$f_Z(z) = \int_{-\infty}^{\infty} f_X(x) f_Y\left(\frac{z-ax}{b}\right) \cdot \frac{1}{|b|} \mathrm{d}x,$$

再令 $u = ax, a > 0$, 则

$$f_Z(z) = \int_{-\infty}^{\infty} f_X\left(\frac{u}{a}\right) f_Y\left(\frac{z-u}{b}\right) \cdot \frac{1}{|b|a} \mathrm{d}u,$$

若 $a < 0$, 则

$$f_Z(z) = \int_{+\infty}^{-\infty} f_X\left(\frac{u}{a}\right) f_Y\left(\frac{z-u}{b}\right) \cdot \frac{1}{|b|a} \mathrm{d}u$$

$$= \int_{-\infty}^{\infty} f_X\left(\frac{u}{a}\right) f_Y\left(\frac{z-u}{b}\right) \cdot \frac{-1}{|b|a} \mathrm{d}u,$$

于是 $f_Z(z) = \int_{-\infty}^{\infty} f_X\left(\frac{x}{a}\right) f_Y\left(\frac{z-x}{b}\right) \cdot \frac{1}{|a||b|} \mathrm{d}x.$

58. 设 X, Y 都在 $(-1, 1)$ 上服从均匀分布, 且相互独立. 求 $Z = 3X - 2Y$ 的概率密度.

解　由条件 X, Y 的概率密度分别为

$$f_X(x) = \begin{cases} \dfrac{1}{2}, & -1 < x < 1, \\ 0, & \text{其他,} \end{cases} \qquad f_Y(y) = \begin{cases} \dfrac{1}{2}, & -1 < y < 1, \\ 0, & \text{其他,} \end{cases}$$

由 57 题结论, $Z = 3X - 2Y$ 的概率密度为

$$f_Z(z) = \int_{-\infty}^{\infty} f_X\left(\frac{x}{3}\right) f_Y\left(\frac{z-x}{-2}\right) \cdot \frac{1}{2 \cdot 3} \mathrm{d}x.$$

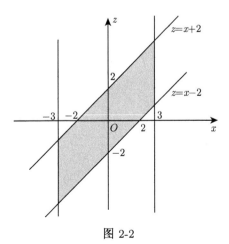

图 2-2

由于被积函数当 $-1 < \dfrac{x}{3} < 1, -1 < \dfrac{z-x}{-2} < 1$, 或当 $-3 < x < 3, x - 2 < z < x + 2$ 时取值 $\dfrac{1}{4}$, 而对其余 (x, z) 的值取值为 0. 上面不等式表示的区域如图 2-2 阴影部

分, 所以

$$f_Z(z) = \begin{cases} \displaystyle\int_{-3}^{z+2} \frac{1}{24}\mathrm{d}x = \frac{z+5}{24}, & -5 < z \leqslant -1, \\[3mm] \displaystyle\int_{z-2}^{z+2} \frac{1}{24}\mathrm{d}x = \frac{1}{6}, & -1 < z \leqslant 1, \\[3mm] \displaystyle\int_{z-2}^{3} \frac{1}{24}\mathrm{d}x = \frac{5-z}{24}, & 1 < z < 5, \\[3mm] 0, & \text{其他}. \end{cases}$$

59. 设 X, Y 独立, X 在 $(0,4)$ 上服从均匀分布, Y 的概率密度为

$$f_Y(y) = \begin{cases} \mathrm{e}^{-y}, & y > 0, \\ 0, & y \leqslant 0. \end{cases}$$

求 $Z = X + 2Y$ 的分布函数.

解　由条件, $f_X(x) = \begin{cases} \dfrac{1}{4}, & 0 < x < 4, \\ 0, & \text{其他,} \end{cases}$ $f_Y(y) = \begin{cases} \mathrm{e}^{-y}, & y > 0, \\ 0, & \text{其他,} \end{cases}$ 由 57 题

结论, $Z = X + 2Y$ 的概率密度为

$$\begin{aligned} f_Z(z) &= \int_{-\infty}^{\infty} f_X(x) f_Y\left(\frac{z-x}{2}\right) \frac{1}{2}\mathrm{d}x \\ &= \int_0^4 \frac{1}{8} f_Y\left(\frac{z-x}{2}\right)\mathrm{d}x \\ &\xlongequal{\diamondsuit\frac{z-x}{2}=u} \int_{\frac{z}{2}-2}^{\frac{z}{2}} \frac{2}{8} \cdot f_Y(u)\mathrm{d}u \\ &= \begin{cases} 0, & z \leqslant 0, \\[3mm] \displaystyle\int_0^{\frac{z}{2}} \frac{1}{4}\mathrm{e}^{-u}\mathrm{d}u = \frac{1}{4}\left(1 - \mathrm{e}^{-\frac{z}{2}}\right), & 0 < z \leqslant 4, \\[3mm] \displaystyle\int_{\frac{z}{2}-2}^{\frac{z}{2}} \frac{1}{4}\mathrm{e}^{-u}\mathrm{d}u = \frac{1}{4}\left(\mathrm{e}^{-\frac{z}{2}+2} - \mathrm{e}^{-\frac{z}{2}}\right), & z > 4. \end{cases} \end{aligned}$$

于是 Z 的分布函数为

$$F_Z(z) = \int_{-\infty}^{z} f_Z(z)\mathrm{d}z$$

$$
= \begin{cases} 0, & z \leqslant 0, \\ \displaystyle\int_0^z \frac{1}{4}\left(1 - \mathrm{e}^{-\frac{z}{2}}\right)\mathrm{d}z, & 0 < z \leqslant 4, \\ \displaystyle\int_0^4 \frac{1}{4}\left(1 - \mathrm{e}^{-\frac{z}{2}}\right)\mathrm{d}z + \int_4^z \frac{1}{4}\left(\mathrm{e}^{-\frac{z}{2}+2} - \mathrm{e}^{-\frac{z}{2}}\right)\mathrm{d}z, & z > 4 \end{cases}
$$

$$
= \begin{cases} 0, & z \leqslant 0, \\ \dfrac{1}{4}\left[z - 2\left(1 - \mathrm{e}^{-\frac{z}{2}}\right)\right], & 0 < z \leqslant 4, \\ 1 - \dfrac{1}{2}\left(\mathrm{e}^2 - 1\right)\mathrm{e}^{-\frac{z}{2}}, & z > 4. \end{cases}
$$

60. 设 X 的分布律为

X	0	1	3
P_X	$\dfrac{1}{6}$	$\dfrac{2}{6}$	$\dfrac{3}{6}$

随机变量 Y 与 X 的分布律相同且与 X 独立.

(i) 求 $Z = X + Y$ 的分布律;

(ii) 求 $M = \max\{X, Y\}$ 的分布律;

(iii) 求 $N = \min\{X, Y\}$ 的分布律.

解　(i) $Z = X + Y$ 的可能取值为 0,1,2,3,4,6. 故

$$P\{Z = 0\} = P\{X = 0, Y = 0\} = \frac{1}{6} \cdot \frac{1}{6} = \frac{1}{36},$$

$$P\{Z = 1\} = P\{X = 0, Y = 1\} + P\{X = 1, Y = 0\} = 2 \cdot \frac{1}{6} \cdot \frac{2}{6} = \frac{1}{9},$$

$$P\{Z = 2\} = P\{X = 1, Y = 1\} = \frac{2}{6} \cdot \frac{2}{6} = \frac{1}{9},$$

$$P\{Z = 3\} = P\{X = 0, Y = 3\} + P\{X = 3, Y = 0\} = 2 \cdot \frac{1}{6} \cdot \frac{3}{6} = \frac{1}{6},$$

$$P\{Z = 4\} = P\{X = 1, Y = 3\} + P\{X = 3, Y = 1\} = 2 \cdot \frac{2}{6} \cdot \frac{3}{6} = \frac{1}{3},$$

$$P\{Z = 6\} = P\{X = 3, Y = 3\} = \frac{3}{6} \cdot \frac{3}{6} = \frac{1}{4}.$$

(ii) 由条件知 $M = \max\{X, Y\}$ 的可能取值为 0,1,3, 故

$$P\{M = 0\} = P\{X = 0, Y = 0\} = \frac{1}{6} \cdot \frac{1}{6} = \frac{1}{36},$$

$$P\{M = 1\} = P\{X = 1, Y = 1\} + P\{X = 1, Y = 0\} + P\{X = 0, Y = 1\}$$

$$= \frac{2}{6} \cdot \frac{2}{6} + \frac{2}{6} \cdot \frac{1}{6} + \frac{1}{6} \cdot \frac{2}{6} = \frac{2}{9},$$

$$P\{M = 3\} = P(\{X = 3\} \cup P\{Y = 3\}) = P\{X = 3\} + P\{Y = 3\} - P\{X = 3, Y = 3\}$$
$$= \frac{3}{6} + \frac{3}{6} - \frac{3}{6} \cdot \frac{3}{6} = \frac{3}{4}.$$

(iii) 由条件知 $N = \min\{X, Y\}$ 的可能取值为 $0, 1, 3$, 故

$$P\{N = 0\} = P(\{X = 0\} \cup P\{Y = 0\}) = P\{X = 0\} + P\{Y = 0\} - P\{X = 0, Y = 0\}$$
$$= \frac{1}{6} + \frac{1}{6} - \frac{1}{6} \cdot \frac{1}{6} = \frac{11}{36},$$

$$P\{N = 1\} = P\{X = 1, Y = 1\} + P\{X = 1, Y = 3\} + P\{X = 3, Y = 1\}$$
$$= \frac{2}{6} \cdot \frac{2}{6} + \frac{2}{6} \cdot \frac{3}{6} + \frac{3}{6} \cdot \frac{2}{6} = \frac{4}{9},$$

$$P\{N = 3\} = P\{X = 3, Y = 3\} = \frac{3}{6} \cdot \frac{3}{6} = \frac{1}{4}.$$

61. 设 X 的概率密度为

$$f(x) = \begin{cases} \mathrm{e}^{-x}, & x > 0, \\ 0, & x \leqslant 0. \end{cases}$$

试求 $Y = \min\{X, 2\}$ 的分布函数.

解 由条件知 $Y = \min\{X, 2\} \leqslant 2$, 故当 $y \geqslant 2$ 时

$$F_Y(y) = P\{Y \leqslant y\} = P\{\min\{X, 2\} \leqslant y\} = 1,$$

当 $y < 0$ 时, 由于 $X > 0$, 故 $P\{Y \leqslant y\} = 0$, 当 $0 \leqslant y < 2$ 时

$$F_Y(y) = P\{Y \leqslant y\} = P\{\min\{X, 2\} \leqslant y\}$$
$$= P\{X \leqslant y\} = \int_0^y \mathrm{e}^{-x} \mathrm{d}x = 1 - \mathrm{e}^{-y},$$

所以

$$F_Y(y) = \begin{cases} 0, & y < 0, \\ 1 - \mathrm{e}^y, & 0 \leqslant y < 2, \\ 1, & y \geqslant 2. \end{cases}$$

62. 设随机变量 X_1, X_2, X_3 相互独立, 都服从 $B(1, p)$ 分布, 即

$$P\{X_1 = k\} = p^k (1 - p)^{1-k}, \quad k = 0, 1.$$

(i) 求 $Y = X_1 + X_2$ 的分布律;

(ii) 求 $Z = X_1 + X_2 + X_3$ 的分布律.

解　(i) 由于 Y 的可能取值为 0,1,2, 故 $Y = X_1 + X_2$ 的分布律为

$$P\{Y = 0\} = P\{X_1 = 0, X_2 = 0\} = P\{X_1 = 0\} \cdot P\{X_2 = 0\} = (1-p)^2,$$

$$P\{Y = 1\} = P\{X_1 = 1, X_2 = 0\} + P\{X_1 = 0, X_2 = 1\} = 2p(1-p),$$

$$P\{Y = 2\} = P\{X_1 = 1, X_2 = 1\} = p^2.$$

(ii) $Z = X_1 + X_2 + X_3 = Y + X_3$, 它的可能取值为 0,1,2,3. Z 的分布律为

$$P\{Z = 0\} = P\{Y = 0, X_3 = 0\} = (1-p)^2 \cdot (1-p) = (1-p)^3,$$

$$P\{Z = 1\} = P\{Y = 0, X_3 = 1\} + P\{Y = 1, X_3 = 0\}$$
$$= (1-p)^2 \cdot p + 2p(1-p)^2 = 3p(1-p)^2,$$

$$P\{Z = 2\} = P\{Y = 2, X_3 = 0\} + P\{Y = 1, X_3 = 1\}$$
$$= p^2 \cdot (1-p) + 2p(1-p) \cdot p = 3p^2(1-p),$$

$$P\{Z = 3\} = P\{Y = 2, X_3 = 1\} = p^2 \cdot p = p^3.$$

所以 $P\{Z = k\} = C_n^k p^k (1-p)^{3-k}, k = 0, 1, 2, 3.$

63. 设 $X \sim B(m,p), Y \sim B(n,p), X$ 与 Y 独立, 证明 $X + Y \sim B(m+n,p)$.

解　由条件 $P\{X = k\} = C_m^k p^k (1-p)^{m-k}, k = 0, 1, 2, \cdots, m.$

$P\{Y = k\} = C_n^k p^k (1-p)^{n-k}, k = 0, 1, \cdots, n.$ 由 (2.7.11) 式,

$$P\{X + Y = k\} = \sum_{i=0}^{k} P\{X = i\} P\{Y = k-i\}$$

$$= \sum_{i=0}^{k} C_m^i p^i (1-p)^{m-i} \cdot C_n^{k-i} p^{k-i} (1-p)^{n-k+i}$$

$$= p^k (1-p)^{m+n-k} \sum_{i=0}^{k} C_m^i C_n^{k-i}$$

$$= C_{m+n}^k p^k (1-p)^{m+n-k}, \quad k = 0, 1, \cdots, m+n.$$

此即 $X + Y \sim B(m+n,p)$.

注意这里我们利用到组合公式 $\sum_{i=0}^{k} C_m^i C_n^{k-i} = C_{m+n}^k$. 我们给出一个简洁的证明.

由 $(1+x)^m (1+x)^n = (1+x)^{m+n}$, 即

$$[C_m^0 + C_m^1 x + \cdots + C_m^m x^m][C_n^0 + C_n^1 x + \cdots + C_n^n x^n]$$
$$= C_{m+n}^0 + C_{m+n}^1 x + \cdots + C_{m+n}^{m+n} x^{m+n},$$

左端展开式中的 x^r 系数为

$$C_m^0 C_n^r + C_m^1 C_n^{r-1} + \cdots + C_m^r C_n^0,$$

这恰好是右端 x^r 的系数 C_{m+n}^r, 这就证明了我们的结论.

64. 设 (X,Y) 在矩形 $G = \{(x,y) : 0 \leqslant x \leqslant 2, 0 \leqslant y \leqslant 1\}$ 上服从均匀分布, 试求边长为 X 和 Y 的矩形面积 S 的概率密度.

解 由条件,(X,Y) 的概率密度为

$$f(x,y) = \begin{cases} \dfrac{1}{2}, & 0 \leqslant x \leqslant 2, 0 \leqslant y \leqslant 1, \\ 0, & \text{其他,} \end{cases}$$

由 (2.7.7) 式,$S = XY$ 的概率密度为

$$f_S(s) = \int_{-\infty}^{\infty} f\left(x, \frac{s}{x}\right) \frac{1}{|x|}\mathrm{d}x,$$

被积函数中 $f(x, \dfrac{s}{x})$ 当 $0 < x \leqslant 2, 0 < s \leqslant x$ 时取值 $\dfrac{1}{2}$, 故

$$f_S(s) = \int_s^2 \frac{1}{2} \cdot \frac{1}{x}\mathrm{d}x = \frac{1}{2}\ln\frac{2}{s}, \quad s > 0,$$

当 $s \leqslant 0$ 时,$f_S(s) = 0$.

65. 设 X 与 Y 独立,X 服从 $(1,3)$ 上的均匀分布,Y 的概率密度为

$$f_Y(y) = \begin{cases} \mathrm{e}^{-(y-2)}, & y > 2, \\ 0, & y \leqslant 2. \end{cases}$$

求 $Z = \dfrac{X}{Y}$ 的概率密度.

解 由条件

$$f_X(x) = \begin{cases} \dfrac{1}{2}, & 1 < x < 3, \\ 0, & \text{其他.} \end{cases}$$

由于 X 与 Y 独立, 故 (X,Y) 的联合概率密度 $f(x,y) = f_X(x)f_Y(y)$, 故由 (2.7.8) 式和图 2-3 中 $f(x,y)$ 取非零值的阴影部分图形,

$$\begin{aligned} f_Z(z) &= \int_{-\infty}^{\infty} f(zy,y)|y|\mathrm{d}y \\ &= \int_{-\infty}^{\infty} f_X(zy)f_Y(y)|y|\mathrm{d}y \\ &= \begin{cases} \displaystyle\int_{\frac{1}{z}}^{\frac{3}{z}} \frac{y}{2}\mathrm{e}^{-(y-2)}\mathrm{d}y = \frac{\mathrm{e}^2}{2z}[(z+1)\mathrm{e}^{-\frac{1}{z}} - (z+3)\mathrm{e}^{-\frac{3}{z}}], & 0 < z \leqslant \frac{1}{2}, \\ \displaystyle\int_{2}^{\frac{3}{z}} \frac{y}{2}\mathrm{e}^{-(y-2)}\mathrm{d}y = \frac{3}{2} - \frac{\mathrm{e}^2}{2z}(z+3)\mathrm{e}^{-\frac{3}{z}}, & \frac{1}{2} < z \leqslant \frac{3}{2}, \\ 0, & \text{其他.} \end{cases} \end{aligned}$$

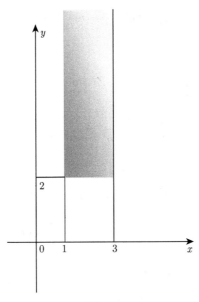

图 2-3

66. 系统由 5 个元件串联而成,5 个元件的寿命分别为 X_1, X_2, X_3, X_4, X_5, 它们相互独立, 且都服从参数 $\lambda = \dfrac{1}{2000}$ 的指数分布. 求系统寿命大于 1000 的概率.

解　由于 5 个元件串联, 故系统的寿命 $X = \min\{X_1, X_2, \cdots, X_5\}$, 诸 X_i 的分布函数 $F(x) = 1 - \mathrm{e}^{-\frac{x}{2000}}, x > 0$, 由 (2.7.17) 式,

$$P\{X \leqslant x\} = 1 - (1 - F(x))^5 = 1 - \mathrm{e}^{-\frac{x}{400}}, \quad x > 0,$$

所以系统寿命大于 1000 的概率为

$$P\{X > 1000\} = \mathrm{e}^{-\frac{5}{2}}.$$

67. 设 X, Y 独立, 且都服从相同的几何分布,

$$P\{X = k\} = p\, q^k, \quad k = 0, 1, \cdots, p > 0, \quad p + q = 1.$$

(i) 试求 $Z = X + Y$ 的分布律;

(ii) 求条件分布律 $P\{X = k \mid Z = n\}, k = 0, 1, \cdots, n$;

(iii) 求 $M = \max\{X, Y\}$ 和 $N = \min\{X, Y\}$ 的分布律;

(iv) 求 (M, X) 的联合分布律.

解　(i) 由 (2.7.11) 式

$$P\{Z = n\} = \sum_{k=0}^{n} P\{X = k\} P\{Y = n - k\}$$

$$= \sum_{k=0}^{n} pq^k \cdot pq^{n-k} = (n+1)p^2q^n, n = 0, 1, 2, \cdots.$$

(ii)

$$P\{X = k | Z = n\} = \frac{P\{X = k, Z = n\}}{P\{Z = n\}} = \frac{P\{X = k, Y = n - k\}}{P\{Z = n\}}$$

$$= \frac{pq^k \cdot pq^{n-k}}{(n+1)p^2q^n} = \frac{1}{n+1}, \quad k = 0, 1, \cdots, n.$$

(iii) 由于 $M = \max\{X, Y\}$, 故

$$P\{M = n\} = P\{X = n, Y < n\} + P\{X \leqslant n, Y = n\}$$

$$= pq^n \cdot \sum_{k=0}^{n-1} pq^k + pq^n \cdot \sum_{k=0}^{n} pq^k$$

$$= pq^n p \cdot \frac{1 - q^n}{1 - q} + pq^n p \cdot \frac{1 - q^{n+1}}{1 - q}$$

$$= pq^n (2 - q^n - q^{n+1}).$$

$$P\{N = n\} = P\{\min\{X, Y\} = n\}$$

$$= P\{X = n, Y > n\} + P\{X \geqslant n, Y = n\}$$

$$= pq^n \cdot \sum_{k=n+1}^{\infty} pq^k + pq^n \cdot \sum_{k=n}^{\infty} pq^k$$

$$= pq^n p \cdot \frac{q^{n+1}}{1 - q} + pq^n p \cdot \frac{q^n}{1 - q}$$

$$= pq^{2n}(q + 1).$$

(iv) $P\{M = n, X = k\}$ 当 $k > n$ 时为 0, 而当 $k = n$ 时,

$$P\{M = n, X = n\} = P\{Y \leqslant n, X = n\}$$

$$= \sum_{r=0}^{n} pq^r \cdot pq^n = pq^n(1 - q^{n+1}),$$

当 $k < n$ 时,

$$P\{M = n, X = k\} = P\{Y = n, X = k\}$$

$$= pq^n \cdot pq^k = p^2 q^{k+n}.$$

68. 一条信息 10 时独立地通过 3 条信道自 A 传送到 B, 设这 3 条信道传送时间的概率密度分别为 $f_1(t), f_2(t), f_3(t), t \in [0, \infty)$, 求信息最先到达 B 的时间的概率密度.

解 设 3 条信道传送时间为 X_1, X_2, X_3, 则 $\min\{X_1, X_2, X_3\} = X$ 是最先由 A 到达 B 的时间.

$$P\{\min\{X_1, X_2, X_3\} > x\} = P\{X_1 > x, X_2 > x, X_3 > x\}$$
$$= \int_x^\infty f_1(t)\mathrm{d}t \int_x^\infty f_2(t)\mathrm{d}t \int_x^\infty f_3(t)\mathrm{d}t, \quad x \geqslant 0,$$

故 X 的分布函数为

$$F_X(x) = 1 - \int_x^\infty f_1(t)\mathrm{d}t \int_x^\infty f_2(t)\mathrm{d}t \int_x^\infty f_3(t)\mathrm{d}t,$$

X 的概率密度为

$$f(x) = f_1(x) \int_x^\infty f_2(t)\mathrm{d}t \int_x^\infty f_3(t)\mathrm{d}t + f_2(x) \int_x^\infty f_1(t)\mathrm{d}t \int_x^\infty f_3(t)\mathrm{d}t$$
$$+ f_3(x) \int_x^\infty f_1(t)\mathrm{d}t \int_x^\infty f_2(t)\mathrm{d}t.$$

69. 设 $X_1, X_2, \cdots, X_{13}$ 是相互独立的随机变量, 概率密度都是 $f(x), x \in (-\infty, \infty)$, 记 $N = \min\{X_{11}, X_{12}, X_{13}\}, M = \max\{X_1, X_2, \cdots, X_{10}\}$, 求 $P\{N > M\}$.

解 由 $N = \min\{X_{11}, X_{12}, X_{13}\}, M = \max\{X_1, X_2, \cdots, X_{10}\}$,

$$P\{N \leqslant x\} = 1 - (1 - F(x))^3, \quad P\{M \leqslant y\} = F(y)^{10},$$

其中 $F(x)$ 是 X_1 的分布函数, $\dfrac{\mathrm{d}}{\mathrm{d}x}F(x) = f(x)$, 分别对 x 和 y 求导得

$$f_N(x) = 3(1 - F(x))^2 f(x), \quad f_M(y) = 10(F(y))^9 f(y),$$

由条件可知 N 与 M 也相互独立, 故 (N, M) 的概率密度为

$$f(x, y) = 30(1 - F(x))^2 f(x)(F(y))^9 f(y).$$

所以

$$P\{N > M\} = \iint\limits_{x>y} f(x, y)\mathrm{d}x\mathrm{d}y$$
$$= \int_{-\infty}^\infty \mathrm{d}x \int_{-\infty}^x 30(1 - F(x))^2 f(x)(F(y))^9 f(y)\mathrm{d}y$$
$$= \int_{-\infty}^\infty 3(1 - F(x))^2 (F(x))^{10} f(x)\mathrm{d}x$$
$$= 3\int_{-\infty}^\infty [(F(x))^{10} - 2(F(x))^{11} + (F(x))^{12}]\mathrm{d}F(x)$$

$$= 3\left(\frac{1}{11} - \frac{1}{6} + \frac{1}{13}\right) = \frac{1}{286}.$$

70. 设 X 与 Y 独立, 且均服从 $N(0, \sigma^2)$ 分布, $U = X + Y, V = X - Y$.

(i) 求 (U, V) 的联合概率密度;

(ii) 试问 U 与 V 是否独立.

解 (i) 由条件, (X, Y) 的联合概率密度为

$$f(x, y) = \frac{1}{2\pi\sigma^2}\mathrm{e}^{-\frac{x^2+y^2}{2\sigma^2}}.$$

由 $\begin{cases} u = x + y, \\ v = x - y, \end{cases}$ 可得 $\begin{cases} x = \dfrac{u + v}{2}, \\ y = \dfrac{u - v}{2}, \end{cases}$ 于是

$$J = \frac{\partial(x, y)}{\partial(u, v)} = \begin{vmatrix} \dfrac{1}{2} & \dfrac{1}{2} \\ \dfrac{1}{2} & -\dfrac{1}{2} \end{vmatrix} = -\frac{1}{2},$$

由定理 2.7.3, $U = X + Y, V = X - Y$ 的联合概率密度为

$$f_{UV}(u, v) = f\left(\frac{u + v}{2}, \frac{u - v}{2}\right)|J|$$
$$= \frac{1}{4\pi\sigma^2}\mathrm{e}^{-\frac{u^2+v^2}{4\sigma^2}}.$$

(ii) 由于

$$f_{UV}(u, v) = \frac{1}{\sqrt{2\pi}(\sqrt{2}\sigma)}\mathrm{e}^{-\frac{u^2}{2(\sqrt{2}\sigma)^2}} \cdot \frac{1}{\sqrt{2\pi}(\sqrt{2}\sigma)}\mathrm{e}^{-\frac{v^2}{2(\sqrt{2}\sigma)^2}},$$

故知 U 与 V 是相互独立的.

71. 设 X 与 Y 独立, 且均服从 $N(0, 1)$ 分布, 证明 $U = X^2 + Y^2$ 与 $V = \dfrac{X}{Y}$ 是相互独立的.

解 先求 (U, V) 的联合概率密度. 由条件 (X, Y) 的概率密度为 $f(x, y) = \dfrac{1}{2\pi}\mathrm{e}^{-\frac{x^2+y^2}{2}}$, 由

$$\begin{cases} u = x^2 + y^2, \\ v = \dfrac{x}{y}, \end{cases}$$

可得

$$\begin{cases} x^{(1)} = v\sqrt{\dfrac{u}{1+v^2}}, \\ y^{(1)} = \sqrt{\dfrac{u}{1+v^2}}, \end{cases} \qquad \begin{cases} x^{(2)} = -v\sqrt{\dfrac{u}{1+v^2}}, \\ y^{(2)} = -\sqrt{\dfrac{u}{1+v^2}}, \end{cases}$$

所以

$$J^{(1)} = \frac{\partial(x,y)}{\partial(u,v)} = -\frac{1}{2(1+v^2)}, \quad J^{(2)} = -\frac{1}{2(1+v^2)}.$$

有定理 2.7.3 后面的说明, 可知 (U,V) 的联合概率密度为

$$f_{UV}(u,v) = \left[f\left(v\sqrt{\frac{u}{1+v^2}}, \sqrt{\frac{u}{1+v^2}} \right) + f\left(-v\sqrt{\frac{u}{1+v^2}}, -\sqrt{\frac{u}{1+v^2}} \right) \right] |J|$$

$$= \frac{1}{2\pi} e^{-\frac{u}{2}} \cdot \frac{1}{1+v^2} = \frac{1}{2} e^{-\frac{u}{2}} \cdot \frac{1}{\pi(1+v^2)}, \quad u > 0, \quad -\infty < v < \infty,$$

若令 $f_U(u) = \dfrac{1}{2}e^{-\frac{u}{2}}, u > 0, f_V(v) = \dfrac{1}{\pi(1+v^2)}, -\infty < v < \infty$,则知 U 服从指数分布,V 服从柯西分布, 由于 $f_{UV}(u,v) = f_U(u)f_V(v)$, 可知它们是相互独立的.

72. 系统由独立的 3 个元件组成, 起初由一个元件工作, 其余 2 个做冷贮备, 在贮备期元件不失效, 即当工作元件失效时, 贮备的元件逐个地自动替换. 若 3 个元件的寿命 X_1, X_2, X_3 均服从参数为 λ 的指数分布, 求系统寿命的概率密度.

解　设系统的寿命为 X, 易知 $X = X_1 + X_2 + X_3$, 令 $Y = X_1 + X_2$,X_1 的概率密度为

$$f_{X_1}(x) = \begin{cases} \lambda e^{-\lambda x}, & x > 0, \\ 0, & \text{其他}, \end{cases}$$

$$f_Y(y) = \int_{-\infty}^{\infty} f_{X_1}(x) f_{X_2}(y-x) \mathrm{d}x$$

$$= \int_0^y \lambda e^{-\lambda x} \cdot \lambda e^{-\lambda(y-x)} \mathrm{d}x$$

$$= \lambda^2 y e^{-\lambda y}, \quad y > 0,$$

于是 $X = Y + X_3$ 的概率密度为

$$f(x) = \int_{-\infty}^{\infty} f_Y(y) f_{X_3}(x-y) \mathrm{d}y$$

$$= \int_0^x \lambda^2 y e^{-\lambda y} \lambda e^{-\lambda(x-y)} \mathrm{d}y$$

$$= \frac{\lambda^3 x^2}{2} e^{-\lambda x}.$$

73. 一个系统由两个元件和一个转换开关组成, 两个元件的寿命 X_1, X_2 和转换开关的寿命 Y 分别服从参数为 λ_1, λ_2, 和 μ 的指数分布. 开始时元件 1 工作, 元件 2 作冷贮备, 当部件 1 失效时, 若转换开关已失效, 则系统失效; 若转换开关未失效, 则部件 2 立即接替部件 1 的工作, 直到部件 2 失效, 系统失效. 若 X_1, X_2, Y 相互独立, 求系统寿命的分布函数.

解 设系统的寿命为 Z, 由于元件 1 工作时元件 2 作为冷贮备, 故当转换开关的寿命超过 X_1 时, 元件 1 失效时, 转换开关仍正常工作, 故 $Z = X_1 + X_2$, 而转换开关失效时 $Z = X_1$, 所以

$$F_Z(x) = P\{Z \leqslant x\} = P\{Z \leqslant x, Y > X_1\} + P\{Z \leqslant x, Y \leqslant X_1\}$$
$$= P\{X_1 + X_2 \leqslant x, Y > X_1\} + P\{X_1 \leqslant x, Y \leqslant X_1\},$$

由条件, (X_1, X_2, Y) 的概率密度为

$$f(x_1, x_2, y) = \begin{cases} \lambda_1 \lambda_2 \mu \mathrm{e}^{-(\lambda_1 x_1 + \lambda_2 x_2 + \mu y)}, & x_1, x_2, y > 0, \\ 0, & \text{其他.} \end{cases}$$

故知

$$P\{X_1 + X_2 \leqslant x, Y > X_1\}$$
$$= \iiint\limits_{\substack{x_1 + x_2 \leqslant x \\ y > x_1 \\ x_1, x_2, y > 0}} \lambda_1 \lambda_2 \mu \mathrm{e}^{-(\lambda_1 x_1 + \lambda_2 x_2 + \mu y)} \mathrm{d}x_1 \mathrm{d}x_2 \mathrm{d}y$$
$$= \int_0^x \mathrm{d}x_1 \int_0^{x-x_1} \mathrm{d}x_2 \int_{x_1}^{\infty} \lambda_1 \lambda_2 \mu \mathrm{e}^{(-\lambda_1 x_1 + \lambda_2 x_2 + \mu y)} \mathrm{d}y$$
$$= \int_0^x \mathrm{d}x_1 \int_0^{x-x_1} \lambda_1 \lambda_2 \mathrm{e}^{-\lambda_1 x_1 - \lambda_2 x_2} \cdot \mathrm{e}^{-\mu x_1} \mathrm{d}x_2$$
$$= \int_0^x \lambda_1 \mathrm{e}^{-\lambda_1 x_1 - \mu x_1} (1 - \mathrm{e}^{-\lambda_2(x-x_1)}) \mathrm{d}x_1$$
$$= \int_0^x [\lambda_1 \mathrm{e}^{-(\lambda_1 + \mu)x_1} - \lambda_1 \mathrm{e}^{-\lambda_2 x} \mathrm{e}^{-(\lambda_1 + \mu - \lambda_2)x_1}] \mathrm{d}x_1$$
$$= \begin{cases} \lambda_1 \left(\dfrac{1 - \mathrm{e}^{-(\lambda_1 + \mu)x}}{\lambda_1 + \mu} - \dfrac{\mathrm{e}^{-\lambda_2 x} - \mathrm{e}^{-(\lambda_1 + \mu)x}}{\lambda_1 - \lambda_2 + \mu} \right), & \lambda_1 - \lambda_2 + \mu \neq 0, \\[3mm] \lambda_1 \left(\dfrac{1 - \mathrm{e}^{-(\lambda_1 + \mu)x}}{\lambda_1 + \mu} - x\mathrm{e}^{-\lambda_2 x} \right), & \lambda_1 - \lambda_2 + \mu = 0, \end{cases}$$

$$P\{X_1 \leqslant x, Y \leqslant X_1\}$$
$$= \iint\limits_{0 < y \leqslant x_1 \leqslant x} \lambda_1 \mu \mathrm{e}^{-(\lambda_1 x_1 + \mu y)} \mathrm{d}x_1 \mathrm{d}y$$
$$= \int_0^x \mathrm{d}x_1 \int_0^{x_1} \lambda_1 \mu \mathrm{e}^{-\lambda_1 x_1} \mathrm{e}^{-\mu y} \mathrm{d}y$$
$$= \int_0^x \lambda_1 \mathrm{e}^{-\lambda_1 x_1} (1 - \mathrm{e}^{-\mu x_1}) \mathrm{d}x_1$$

$$= 1 - \mathrm{e}^{-\lambda_1 x} - \frac{\lambda_1(1 - \mathrm{e}^{-(\lambda_1+\mu)x})}{\lambda_1 + \mu},$$

最后可知当 $\lambda_1 - \lambda_2 + \mu \neq 0$ 时,

$$F_Z(x) = \begin{cases} 1 - \mathrm{e}^{-\lambda_1 x} - \dfrac{\lambda_1}{\lambda_1 - \lambda_2 + \mu}(\mathrm{e}^{-\lambda_2 x} - \mathrm{e}^{-(\lambda_1+\mu)x}), & x > 0, \\ 0, & x \leqslant 0. \end{cases}$$

当 $\lambda_1 - \lambda_2 + \mu = 0$ 时,

$$F_Z(x) = \begin{cases} 1 - \mathrm{e}^{-\lambda_1 x} - \lambda_1 x \mathrm{e}^{-\lambda_2 x}, & x > 0, \\ 0, & x \leqslant 0. \end{cases}$$

第 3 章 随机变量的数字特征

1. 袋中有 10 个球, 其中 8 个球标有 2, 2 个球标有 8, 从袋中随机地取出 3 个球, 求这 3 个球上数码之和的数学期望.

解 由于只有 2 个标有 8 的球, 任取 3 个球只有 3 种情况, 即 2 个标有 8,1 个标有 2;1 个标有 8,2 个标有 2;3 个标有 2. 令这 3 个球上数码之和为 X, 则

$$P\{X = 18\} = \frac{C_2^2 C_8^1}{C_{10}^3} = \frac{1}{15},$$

$$P\{X = 12\} = \frac{C_2^1 C_8^2}{C_{10}^3} = \frac{7}{15},$$

$$P\{X = 6\} = \frac{C_2^0 C_8^3}{C_{10}^3} = \frac{7}{15},$$

所以

$$EX = 18 \cdot \frac{1}{15} + 12 \cdot \frac{7}{15} + 6 \cdot \frac{7}{15} = 9.6.$$

2. 甲乙进行乒乓球比赛, 先胜 4 场者胜利.设甲, 乙每场比赛获胜的概率都是 $\frac{1}{2}$, 试求比赛结束时比赛场数的数学期望.

解 结束比赛时甲胜有 4 情况:乙一场未胜, 概率为 $\left(\frac{1}{2}\right)^4$; 乙胜一场, 此时最后一场甲胜, 乙胜的一场在前 4 场中任意一场均可,故概率为 $C_4^1 \frac{1}{2} \cdot \left(\frac{1}{2}\right)^4 = \frac{1}{8}$; 乙胜两场, 类似分析知概率为 $C_5^2 \frac{1}{2^6} = \frac{5}{32}$; 乙胜三场,概率为 $C_6^3 \frac{1}{2^7} = \frac{5}{32}$. 由甲乙地位对称,故结束比赛时乙胜情况与上面完全相同. 所以令 X 为结束比赛时的比赛场数, 则 $P\{X = 4\} = 2 \cdot \frac{1}{16} = \frac{1}{8}, P\{X = 5\} = 2 \cdot \frac{1}{8} = \frac{1}{4}, P\{X = 6\} = 2 \cdot \frac{5}{32} = \frac{5}{16}, P\{X = 7\} = 2 \cdot \frac{5}{32} = \frac{5}{16}$.于是结束比赛时比赛场数的数学期望为

$$EX = 4 \cdot \frac{1}{8} + 5 \cdot \frac{1}{4} + 6 \cdot \frac{5}{16} + 7 \cdot \frac{5}{16} = \frac{93}{16} = 5.8125.$$

3. 一盒电阻共 12 个, 其中 9 个合格品,3 个次品. 先从中任取一个电阻检验为合格品就使用, 若是次品就放在一边再取一个, 直到取得合格品为止. 求在取得合格品前已取出的次品数的数学期望.

解　设 A_i 为第 i 次取得正品, $i = 1, 2, \cdots, 12$, 并设首次取得合格品前, 已取出的次品数为 X. 则由题意

$$P\{X = 0\} = P(A_1) = \frac{3}{4}, P\{X = 1\} = P(\overline{A_1}A_2) = P(\overline{A_1})P(A_2|\overline{A_1}) = \frac{1}{4} \cdot \frac{9}{11},$$

$$P\{X = 2\} = P(\overline{A_1}\,\overline{A_2}\,\overline{A_3}) = P(\overline{A_1})P(\overline{A_2}|\overline{A_1})P(\overline{A_3}|\overline{A_1}\,\overline{A_2}) = \frac{1}{4} \cdot \frac{2}{11} \cdot \frac{9}{10} = \frac{9}{220},$$

$$P\{X = 3\} = P(\overline{A_1}\,\overline{A_2}\,\overline{A_3}A_4)$$
$$= P(\overline{A_1})P(\overline{A_2}|\overline{A_1})P(\overline{A_3}|\overline{A_1}\,\overline{A_2})P(\overline{A_4}|\overline{A_1}\,\overline{A_2}\,\overline{A_3})$$
$$= \frac{1}{4} \cdot \frac{2}{11} \cdot \frac{1}{10} \cdot \frac{9}{9} = \frac{1}{220}.$$

所以

$$EX = \frac{9}{44} + 2 \cdot \frac{9}{220} + 3 \cdot \frac{1}{220} = \frac{3}{10}.$$

4. 射击比赛中每人可打 4 发子弹, 规定全不中得 0 分, 中 1 发得 1.5 分, 中 2 发得 3 分, 中 3 发得 5.5 分, 4 发全中得 10 分. 某人每次射击的命中率为 $\frac{2}{3}$, 问他得分的数学期望是多少?

解　X 为打中的子弹数. 则 $P\{X = k\} = C_4^k \left(\frac{2}{3}\right)^k \left(\frac{1}{3}\right)^{4-k}, k = 0, 1, 2, 3, 4.$ 注意打中的子弹发数相应的得分, 可求得得分的数学期望为

$$0 \cdot P\{X = 0\} + 1.5 \cdot P\{X = 1\} + 3 \cdot P\{X = 2\}$$
$$+ 5.5 \cdot P\{X = 3\} + 10 \cdot P\{X = 4\}$$
$$= \frac{140}{27} = 5.185.$$

5. 设计一座桥梁时建议今后 25 年中桥被洪水淹没的允许概率为 0.3.

(i) 以 p 表示在一年内桥的设计洪水水位被超过的概率, 试求满足上述设计准则的 p 值. (提示: 对相当小的 x 值, 利用公式 $(1-x)^n \approx 1 - nx$.)

(ii) 这一设计洪水水位的重现期是多少?

解　(i) 由于每年桥的设计被淹的概率为 p, 故 25 年桥未被淹的概率为 $(1-p)^{25}$, 由条件这一概率为 $1 - 0.3 = 0.7$, 故由

$$(1-p)^{25} = 0.7,$$

利用近似公式 $(1-p)^{25} \approx 1 - 25p = 0.7$, 得 $p = 0.012.$

(ii) 设 A 为每年桥被淹的事件, A 的重现期就是等待 A 首次出现的平均时间. 由例 3.1.2 后的说明, 这一重现期为 $\frac{1}{p} = 83.3$(年).

6. 设 X 为取非负整数值的随机变量, 则 $EX = \sum\limits_{k=1}^{\infty} P\{X \geqslant k\}$.

证明 由 $EX = \sum\limits_{k=0}^{\infty} kP\{X = k\} = \sum\limits_{k=1}^{\infty} kP\{X = k\}$, 把各加项列出来是

$$P\{X = 1\},$$
$$P\{X = 2\}, P\{X = 2\},$$
$$P\{X = 3\}, P\{X = 3\}, P\{X = 3\},$$
$$\cdots\cdots$$

按各列相加就成为 $P\{X \geqslant 1\} + P\{X \geqslant 2\} + \cdots = \sum\limits_{k=1}^{\infty} \{X \geqslant k\}$.

我们也可以直接证明.

$$
\begin{aligned}
\sum_{k=1}^{\infty} kP\{X = k\} &= \sum_{k=1}^{\infty} k[P\{X \geqslant k\} - P\{X \geqslant k+1\}] \\
&= \sum_{k=1}^{\infty} kP\{X \geqslant k\} - \sum_{k=1}^{\infty} kP\{X \geqslant k+1\} \\
&= \sum_{k=1}^{\infty} (k-1+1)P\{X \geqslant k\} - \sum_{k=1}^{\infty} kP\{X \geqslant k+1\} \\
&= \sum_{k=1}^{\infty} (k-1)P\{X \geqslant k\} + \sum_{k=1}^{\infty} P\{X \geqslant k\} - \sum_{k=1}^{\infty} kP\{X \geqslant k+1\} \\
&= \sum_{k=1}^{\infty} P\{X \geqslant k\}.
\end{aligned}
$$

7. 设 X 的分布函数为

$$
F(x) = \begin{cases}
0, & x < -1, \\
0.4, & -1 \leqslant x < 0, \\
0.7, & 0 \leqslant x < 1, \\
1, & x \geqslant 1.
\end{cases}
$$

求 (i)EX; (ii)$E(3X^2 + 5)$; (iii)DX.

解 (i) X 的分布律为 $P\{X = -1\} = 0.4, P\{X = 0\} = 0.3, P\{X = 1\} = 0.3$.
所以 $EX = -1 \cdot 0.4 + 0 \cdot 0.3 + 1 \cdot 0.3 = -0.1$.

(ii)$E(3X^2 + 5) = (3(-1)^2 + 5) \cdot 0.4 + (3 \cdot 0^2 + 5) \cdot 0.3 + (3 \cdot 1^2 + 5) \cdot 0.3 = 7.1$.

(iii) 先求 $E(X^2) = (-1)^2 \cdot 0.4 + 0^2 \cdot 0.3 + 1^2 \cdot 0.3 = 0.7$, 故

$$DX = E(X^2) - (EX)^2 = 0.69.$$

8. 工程队完成某项工程的时间 $X \sim N(100, 16)$(单位：天), 甲方规定若工程在 100 天内完成, 发奖金 10000 元; 若在 100 至 112 天内完成, 只发奖金 1000 元; 若完工时间超过 112 天, 则罚款 5000 元. 求该工程队完成此工程时获奖的数学期望.

解　得奖金 10000 元的概率为

$$P\{0 < X \leqslant 100\} = \Phi\left(\frac{100 - 100}{4}\right) - \Phi\left(\frac{-100}{4}\right) = 0.5,$$

得奖金 1000 元的概率为

$$P\{100 < X \leqslant 110\} = \Phi\left(\frac{112 - 100}{4}\right) - 0.5 = 0.49865,$$

罚款 5000 的概率为

$$P\{X > 112\} = 1 - \Phi\left(\frac{112 - 100}{4}\right) = 0.00135.$$

故获得奖金的数学期望为

$$10000 \cdot 0.5 + 1000 \cdot 0.49865 - 5000 \cdot 0.00135 \approx 5492 元.$$

9. 20000 件产品中有 1000 件次品, 从中任意抽取 100 件进行检验. 求验得次品数的数学期望.

解　由条件任取一件产品是次品的概率为 $\frac{1000}{20000} = 0.05$. 任意抽取 100 件, 经检验所得次品数 X 服从 $B(100, 0.05)$ 分布, 故 $P\{X = k\} = C_{100}^k 0.05^k 0.95^{100-k}, k = 0, 1, \cdots, 100$.

由例 3.1.4, 知 $EX = 100 \cdot 0.05 = 5$.

10. 设随机变量 X 的概率密度为

$$f(x) = \begin{cases} x, & 0 \leqslant x < 1, \\ 2 - x, & 1 \leqslant x < 2, \\ 0, & 其他. \end{cases}$$

求 $E(X^n), n$ 为自然数.

解　由 (3.1.5) 式

$$\begin{aligned} E(X^n) &= \int_{-\infty}^{\infty} x^n f(x) \mathrm{d}x = \int_0^1 x^{n+1} \mathrm{d}x + \int_1^2 x^n (2 - x) \mathrm{d}x \\ &= \frac{2(2^{n+1} - 1)}{(n + 1)(n + 2)}. \end{aligned}$$

11. 设连续型随机变量 X 的概率密度为

$$f(x) = \begin{cases} a + bx^2, & 0 < x < 1, \\ 0, & \text{其他}. \end{cases}$$

且 $EX = \dfrac{3}{5}$，求 (i) 常数 a, b 的值；(ii)DX.

解　(i) 由

$$\int_{-\infty}^{\infty} f(x)\mathrm{d}x = \int_0^1 (a + bx^2)\mathrm{d}x = 1,$$

知 $a + \dfrac{b}{3} = 1$，又由条件，

$$EX = \int_{-\infty}^{\infty} xf(x)\mathrm{d}x = \int_0^1 (ax + bx^3)\mathrm{d}x = \frac{3}{5},$$

知 $\dfrac{a}{2} + \dfrac{b}{4} = \dfrac{3}{5}$，由此可知

$$a = \frac{3}{5}, \quad b = \frac{6}{5}.$$

(ii) 由

$$E(X^2) = \int_{-\infty}^{\infty} x^2 f(x)\mathrm{d}x = \int_0^1 \left(\frac{3x^2}{5} + \frac{6x^4}{5} \right) \mathrm{d}x = \frac{11}{25},$$

知

$$DX = E(X^2) - (EX)^2 = \frac{2}{25}.$$

12. 设随机变量 X 的分布函数为

$$F(x) = \begin{cases} 0, & x < -1, \\ a + b\arcsin x, & -1 \leqslant x < 1, \\ 1, & x \geqslant 1. \end{cases}$$

求 (i) 常数 a, b 的值；(ii)EX；(iii)DX.

解　(i) 由于 $F(x)$ 的连续性，$\lim\limits_{x \to -1}(a + b\arcsin x) = a - \dfrac{\pi b}{2} = F(-1) = 0$，$\lim\limits_{x \to 1}(a + b\arcsin x) = a + \dfrac{\pi b}{2} = 1$，解得 $a = \dfrac{1}{2}, b = \dfrac{1}{\pi}$.

(ii) 由 X 的概率密度为 $f_X(x) = \begin{cases} \dfrac{1}{\pi\sqrt{1-x^2}}, & -1 < x < 1, \\ 0, & \text{其他}, \end{cases}$

可知

$$EX = \int_{-\infty}^{\infty} xf(x)\mathrm{d}x = \int_{-1}^1 \frac{x\mathrm{d}x}{\pi\sqrt{1-x^2}} = 0.$$

(iii) 由于 $EX = 0$, 故有

$$DX = E(X^2) = \frac{1}{\pi} \int_{-1}^{1} \frac{x^2}{\sqrt{1-x^2}} \mathrm{d}x = \frac{2}{\pi} \int_{0}^{1} \frac{x^2}{\sqrt{1-x^2}} \mathrm{d}x$$

$$= \frac{2}{\pi} \int_{0}^{1} x \mathrm{d}(-\sqrt{1-x^2})$$

$$= \frac{2}{\pi} ([-x\sqrt{1-x^2}]_0^1 + \int_{0}^{1} \sqrt{1-x^2} \mathrm{d}x) = \frac{1}{2}.$$

13. 设随机变量 X 服从参数为 1 的指数分布, 求 $E(X + \mathrm{e}^{-2X})$.

解　由条件 X 的概率密度为

$$f(x) = \begin{cases} \mathrm{e}^{-x}, & x > 0, \\ 0, & \text{其他}. \end{cases}$$

所以

$$E(X + \mathrm{e}^{-2X}) = \int_{0}^{\infty} (x + \mathrm{e}^{-2x})\mathrm{e}^{-x}\mathrm{d}x = \frac{4}{3}.$$

14. 随机变量 X 服从正态分布, 若 $EX = 5000, P\{4500 < X < 5500\} = 0.9$, 求 DX.

解　由 $EX = 5000$,

$$P\{4500 < X < 5500\} = 2\Phi\left(\frac{500}{\sigma}\right) - 1 = 0.9$$

或

$$\Phi\left(\frac{500}{\sigma}\right) = 0.95.$$

查表取 $\dfrac{500}{\sigma} = 1.645$, 可知 $\sigma = 303.95$, 故 $DX = 303.95^2$.

15. 在 $[0,1]$ 上任取 n 个点, 试求相距最远的两点间的平均距离.

解　设 $[0,1]$ 上任取 n 个点为 $X_1, \cdots, X_n$, 则它们均服从 $[0,1]$ 上的均匀分布. 相距最远的两点的距离为

$$X = \max\{X_1, X_2, \cdots, X_n\} - \min\{X_1, X_2, \cdots, X_n\}.$$

$[0,1]$ 上均匀分布的分布函数和概率密度分别为

$$F_X(x) = \begin{cases} 0, & x < 1, \\ x, & 0 \leqslant x \leqslant 1, \\ 1, & x > 1, \end{cases} \qquad f_X(x) = \begin{cases} 1, & 0 \leqslant x \leqslant 1, \\ 0, & \text{其他}. \end{cases}$$

由 (2.7.16) 式,$X_n^* = \max\{X_1, X_2, \cdots, X_n\}$ 的分布函数为

$$P\{X_n^* \leqslant x\} = (F(x))^n,$$

故 X_n^* 的概率密度为

$$n(F(x))^{n-1}f(x) = nx^{n-1}, \quad 0 \leqslant x \leqslant 1.$$

由 (2.7.17) 式,$X_1^* = \min\{X_1, X_2, \cdots, X_n\}$ 的分布函数为

$$P\{X_1^* \leqslant x\} = 1 - (1 - F(x))^n,$$

故 X_1^* 的概率密度为

$$n(1 - F(x))^{n-1}f(x) = n(1-x)^{n-1}, \quad 0 \leqslant x \leqslant 1,$$

$$EX_n^* = \int_0^1 x \cdot nx^{n-1}\mathrm{d}x = \frac{n}{n+1},$$

$$EX_1^* = \int_0^1 x \cdot n(1-x)^{n-1}\mathrm{d}x = \int_0^1 x\mathrm{d}[-(1-x)^n]$$

$$= -x(1-x)^n|_0^1 + \int_0^1 (1-x)^n\mathrm{d}x = \frac{1}{n+1}.$$

所以 $EX = EX_n^* - EX_1^* = \dfrac{n-1}{n+1}$.

16. 若 $X \sim N(\mu, \sigma^2)$, 证明 $E \mid X - EX \mid = \sqrt{\dfrac{2DX}{\pi}}$.

解　不妨设 $EX = 0$, 于是

$$E|X| = \frac{1}{\sqrt{2\pi}\sigma} \int_{-\infty}^{\infty} |x|\mathrm{e}^{-\frac{x^2}{2\sigma^2}}\mathrm{d}x$$

$$= \frac{2}{\sqrt{2\pi}\sigma} \int_0^{\infty} x\mathrm{e}^{-\frac{x^2}{2\sigma^2}}\mathrm{d}x$$

$$= \frac{2}{\sqrt{2\pi}\sigma} \cdot \sigma^2 \left[-\mathrm{e}^{-\frac{x^2}{2\sigma^2}}\right]_0^{\infty}$$

$$= \sqrt{\frac{2DX}{\pi}}.$$

17. 气体分子的运动速度的绝对值服从马克斯韦尔 (Maxwell) 分布, 其分布密度为

$$f(x) = \begin{cases} \dfrac{4x^2}{a^3\sqrt{\pi}}\mathrm{e}^{-\frac{x^2}{a^2}}, & x > 0, \\ 0, & x \leqslant 0. \end{cases}$$

求 (i) EX, DX;

(ii) 平均动能 $E\left(\dfrac{1}{2}mX^2\right)$, 其中常数 m 为分子质量.

解　(i)
$$EX = \int_{-\infty}^{\infty} xf(x)\mathrm{d}x = \int_0^{\infty} \frac{4}{a^3\sqrt{\pi}}x^3\mathrm{e}^{-\frac{x^2}{a^2}}\mathrm{d}x$$

$$= \int_0^{\infty} \frac{2a}{\sqrt{\pi}} \cdot \frac{x^2}{a^2}\mathrm{e}^{-\frac{x^2}{a^2}}\mathrm{d}\left(\frac{x^2}{a^2}\right)$$

$$\xlongequal{\diamondsuit u=\frac{x^2}{a^2}} \frac{2a}{\sqrt{\pi}} \int_0^{\infty} u\mathrm{e}^{-u}\mathrm{d}u = \frac{2a}{\sqrt{\pi}}.$$

$$EX^2 = \int_0^{\infty} \frac{4}{a^3\sqrt{\pi}}x^4\mathrm{e}^{-\frac{x^2}{a^2}}\mathrm{d}x$$

$$\xlongequal{\diamondsuit u=\frac{x}{a}} \int_0^{\infty} \frac{4a^2}{\sqrt{\pi}}u^4\mathrm{e}^{-u^2}\mathrm{d}u$$

$$= \frac{2a^2}{\sqrt{\pi}}u^3(-\mathrm{e}^{-u^2})\big|_0^{\infty} + \int_0^{\infty} \frac{6a^2}{\sqrt{\pi}}u^2\mathrm{e}^{-u^2}\mathrm{d}u$$

$$= \frac{3a^2}{\sqrt{\pi}}u(-\mathrm{e}^{-u^2})\big|_0^{\infty} + \int_0^{\infty} \frac{3a^2}{\sqrt{\pi}}\mathrm{e}^{-u^2}\mathrm{d}u$$

$$= \frac{3a^2}{2},$$

故
$$DX = E(X^2) - (EX)^2 = \frac{3a^2}{2} - \frac{4a^2}{\pi} = \left(\frac{3}{2} - \frac{4}{\pi}\right)a^2.$$

(ii) 利用 $E(X^2)$ 的结果, 易得平均动能为
$$E\left(\frac{1}{2}mX^2\right) = \frac{1}{2}mE(X^2) = \frac{3ma^2}{4}.$$

18. 设随机变量 X 的概率密度为
$$f(x) = \begin{cases} 1-\mid 1-x \mid, & 0 < x < 2, \\ 0, & \text{其他}, \end{cases}$$

求 $Y = \dfrac{X - EX}{\sqrt{DX}}$ 的概率密度.

解　先求 EX 与 DX.
$$EX = \int_0^2 x(1 - \mid 1-x \mid)\mathrm{d}x = 2 - \int_0^2 x\mid 1-x\mid\mathrm{d}x$$

$$= 2 - \int_0^1 (x - x^2)\mathrm{d}x - \int_1^2 (x^2 - x)\mathrm{d}x = 1,$$

$$E(X^2) = \int_0^2 x^2(1 - |1 - x|)\mathrm{d}x = \frac{7}{6},$$

所以 $DX = E(X^2) - (EX)^2 = \frac{1}{6}$.

$Y = \dfrac{X - EX}{\sqrt{DX}} = \sqrt{6}(X - 1)$ 的分布函数为

$$F_Y(y) = P\{Y \leqslant y\} = P\{\sqrt{6}(X - 1) \leqslant y\}$$
$$= P\left\{X \leqslant \frac{y}{\sqrt{6}} + 1\right\},$$

对于 $0 < \dfrac{y}{\sqrt{6}} + 1 < 2$, 或 $-\sqrt{6} < y < \sqrt{6}$, $F_Y(y) = \displaystyle\int_0^{\frac{y}{\sqrt{6}}+1} (1 - |1 - x|)\mathrm{d}x$.

对于 y 求导, 可得 Y 的概率密度为

$$\psi(y) = \left(1 - \left|\frac{y}{\sqrt{6}}\right|\right)\frac{1}{\sqrt{6}}, \quad -\sqrt{6} < y < \sqrt{6},$$

所以

$$\psi(y) = \begin{cases} \dfrac{1}{6}(\sqrt{6} - |y|), & -\sqrt{6} < y < \sqrt{6}, \\ 0, & \text{其他}. \end{cases}$$

19. 若连续型随机变量 X 的分布函数为 $F(x)$, 且 EX 存在, 则

(i) $\lim\limits_{x \to -\infty} xF(x) = 0$, $\lim\limits_{x \to \infty} x(1 - F(x)) = 0$;

(ii) $EX = \displaystyle\int_0^\infty (1 - F(x))\,\mathrm{d}x - \int_{-\infty}^0 F(x)\,\mathrm{d}x$.

证明　(i) 由 EX 存在, 故由定义 3.1.2,

$$\int_{-\infty}^\infty |x|f(x)\mathrm{d}x < \infty,$$

对任意 $M > 0$, 因对 $x \in (-\infty, -M)$, 必有 $|x| \geqslant M$, 故

$$\int_{-\infty}^{-M} |x|f(x)\mathrm{d}x \geqslant \int_{-\infty}^{-M} Mf(x)\mathrm{d}x = MF(-M),$$

令 $M \to \infty$, 上式左端趋近于 0, 这就证明了

$$\lim\limits_{x \to -\infty} xF(x) = 0.$$

同理, 对任意 $N > 0$,

$$\int_N^\infty |x|f(x)\mathrm{d}x \geqslant \int_N^\infty Nf(x)\mathrm{d}x = N(1 - F(N)),$$

令 $N \to \infty$, 上式左端趋近于 0, 故就证明了

$$\lim_{x \to \infty} x(1 - F(x)) = 0.$$

(ii)

$$
\begin{aligned}
EX &= \int_{-\infty}^{\infty} x f(x) \mathrm{d}x = \int_{-\infty}^{0} x f(x) \mathrm{d}x + \int_{0}^{\infty} x f(x) \mathrm{d}x \\
&= \int_{-\infty}^{0} x \mathrm{d}F(x) - \int_{0}^{\infty} x \mathrm{d}(1 - F(x)) \\
&= x F(x)|_{-\infty}^{0} - \int_{-\infty}^{0} F(x) \mathrm{d}x - x(1 - F(x))|_{0}^{\infty} + \int_{0}^{\infty} (1 - F(x)) \mathrm{d}x,
\end{aligned}
$$

由 (i) 的结果, 上面最后一式的的一项与第三项均为 0, 故得

$$EX = \int_{0}^{\infty} (1 - F(x)) \mathrm{d}x - \int_{-\infty}^{0} F(x) \mathrm{d}x.$$

20. 某种商品每周内的需求量 X 服从 $[10, 30]$ 上的均匀分布, 商店进货数量为 $[10, 30]$ 中的某一整数. 已知商店每销售 1 件可获利 500 元, 若供大于求则做削价处理, 每处理 1 件亏损 100 元; 若供不应求则缺货部分从别处调剂供应, 此时售出 1 件只获利 300 元. 为使商店平均利润不少于 9280 元, 试确定最少进货量.

解 设商店进货 y 件. 则由题意商店利润

$$
Q(y) = \begin{cases} 500X - 100(y - X), & X < y, \\ 500y + 300(X - y), & X \geqslant y, \end{cases}
$$

平均利润为

$$
\begin{aligned}
EQ &= \int_{10}^{y} [500x - 100(y - x)] \frac{1}{20} \mathrm{d}x + \int_{y}^{30} [500y + 300(x - y)] \frac{1}{20} \mathrm{d}x \\
&= -7.5y^2 + 350y + 5250,
\end{aligned}
$$

为确定使商店平均利润不少于 9280 元的最少进货量 y, 即求解

$$-7.5y^2 + 350y + 5250 \geqslant 9280,$$

$$-1.5y^2 + 70y - 806 \geqslant 0,$$

左端二次三项式的根为 $\dfrac{-70 \pm \sqrt{64}}{-3}$, 较小的根为 $\dfrac{62}{3} \approx 21$. 故答案为 21.

21. 设 $X \sim N(0, \sigma^2)$. 求 $E(X^n), n$ 为自然数.

解　由于 X 的密度函数为

$$f(x) = \frac{1}{\sqrt{2\pi}\sigma}e^{-\frac{x^2}{2\sigma^2}}$$

是偶函数, 故当 n 为奇数时,$E(X^n) = 0$. 当 n 为偶数时,

$$E(X^n) = \frac{1}{\sqrt{2\pi}\sigma}\int_{-\infty}^{\infty} x^n e^{-\frac{x^2}{2\sigma^2}}\,\mathrm{d}x$$

$$= \frac{2}{\sqrt{2\pi}\sigma}\int_{0}^{\infty} x^n e^{-\frac{x^2}{2\sigma^2}}\,\mathrm{d}x$$

$$\xrightarrow{\diamondsuit\frac{x^2}{\sigma^2}=2u} \sqrt{\frac{2}{\pi}}\sigma^n 2^{\frac{n-1}{2}}\int_{0}^{\infty} u^{\frac{n-1}{2}} e^{-u}\,\mathrm{d}u$$

$$= \sqrt{\frac{2}{\pi}}\sigma^n 2^{\frac{n-1}{2}}\Gamma\left(\frac{n+1}{2}\right)$$

$$= \sqrt{\frac{2}{\pi}}\sigma^n 2^{\frac{n-1}{2}}\cdot\frac{n-1}{2}\Gamma\left(\frac{n-1}{2}\right) = \cdots$$

$$= \sqrt{\frac{2}{\pi}}\sigma^n 2^{\frac{n-1}{2}}\cdot\frac{n-1}{2}\cdot\frac{n-3}{2}\cdots\frac{1}{2}\Gamma\left(\frac{1}{2}\right)$$

$$= \frac{1}{\sqrt{\pi}}\sigma^n (n-1)!!\Gamma\left(\frac{1}{2}\right),$$

为计算 $\Gamma\left(\frac{1}{2}\right)$,由 $\Gamma(a)\Gamma(1-a) = \dfrac{\pi}{\sin a\pi}$, 令 $a = \dfrac{1}{2}$ 可知 $\Gamma\left(\dfrac{1}{2}\right) = \sqrt{\pi}$. 所以当 n 为偶数时, $E(X^n) = \sigma^n (n-1)!!$.

22. 设 X 与 Y 独立, 且 $EX = EY = 2, DX = DY = 1$, 求 $E(X+Y)^2$.

解　由 $EX = EY = 2, DX = DY = 1, X$ 与 Y 相互独立, 故由 $DX = E(X^2) - (EX)^2 = 1$ 可知 $E(X^2) = 5$. 同理,$E(Y^2) = 5$. 所以

$$E(X+Y)^2 = E(X^2) + 2EX\cdot EY + E(Y^2)$$
$$= 5 + 8 + 5 = 18.$$

23. 设 (X, Y) 的概率密度为

$$f(x,y) = \begin{cases} k, & 0 < x < 1, 0 < y < x, \\ 0, & \text{其他}. \end{cases}$$

试确定常数 k. 并求 $E(XY)$.

解　$\displaystyle\int_{-\infty}^{\infty}\int_{-\infty}^{\infty} f(x,y)\mathrm{d}x\mathrm{d}y = \int_{0}^{1}\mathrm{d}x\int_{0}^{x} k\mathrm{d}y = \frac{k}{2} = 1$, 知 $k = 2$.

$$E(XY) = \int_{-\infty}^{\infty}\int_{-\infty}^{\infty} xyf(x,y)\mathrm{d}x\mathrm{d}y$$
$$= \int_{0}^{1}\mathrm{d}x\int_{0}^{x} 2xy\mathrm{d}y = \frac{1}{4}.$$

24. 把 n 只球放入 M 只盒子中去, 设每只球落入各个盒子是等可能的, 求有球的盒子数 X 的数学期望. (提示: 24–27 题仿例 3.3.4 的方法构造 X_i, 使 $X = \sum X_i$.)

解　令

$$X_i = \begin{cases} 1, & \text{第 } i \text{ 只盒子中有球,} \\ 0, & \text{第 } i \text{ 只盒子中无球,} \end{cases}$$

则 $X = \displaystyle\sum_{i=1}^{M} X_i$.

由于随机试验是把 n 只球放入 M 个盒中, 故 Ω 中共有 M^n 个样本点. 事件 "第 i 只盒子中无球" 就是把 n 只球放到除第 i 只盒外的 $n-1$ 个盒中去的所有可能, 故该事件共含有 $(M-1)^n$ 个样本点. 于是 $P\{$ 第 i 只盒子中无球 $\} = \dfrac{(M-1)^n}{M^n}$, $P\{$ 第 i 只盒子中有球 $\} = 1 - \dfrac{(M-1)^n}{M^n}$. 所以

$$EX_i = 1 \cdot P\{\text{ 第 } i \text{ 只盒子中有球 }\} + 0 \cdot P\{\text{ 第 } i \text{ 只盒子中无球 }\}$$
$$= 1 - \frac{(M-1)^n}{M^n}, \quad i = 1, 2, \cdots, M,$$
$$EX = E\left(\sum_{i-1}^{M} X_i\right) = \sum_{i-1}^{M} EX_i = M\left(1 - \frac{(M-1)^n}{M^n}\right).$$

25. 标号为 1 至 n 的 n 个球随机地放入标号为 1 至 n 的 n 个盒. 一个盒只能装 1 个球, 一只球落入与球同号的盒子称为一个 "配对". 记 X 为配对的个数, 求 EX 和 DX.

解　设

$$X_i = \begin{cases} 1, & \text{如第 } i \text{ 号球放入 } i \text{ 号盒,} \\ 0, & \text{其他,} \end{cases}$$

$i = 1, 2, \cdots, n$. 则有 $X = X_1 + X_2 + \cdots + X_n$. 显然 i 号球放入 i 号盒的概率 $P\{X_i = 1\} = \dfrac{1}{n}$, 所以 $EX_i = 1 \cdot \dfrac{1}{n} + 0 \cdot \dfrac{n-1}{n} = \dfrac{1}{n}$, $DX_i = E(X_i^2) - (EX_i)^2 =$

$\dfrac{1}{n} - \dfrac{1}{n^2} = \dfrac{n-1}{n^2}, i = 1, 2, \cdots, n.$ 注意 $X_1, X_2, \cdots, X_n.$ 不是相互独立的, 易知

$$X_i Y_j = \begin{cases} 1, & \text{如第 } i \text{ 号球放入 } i \text{ 号盒, 第 } j \text{ 号球放入 } j \text{ 号盒}, \\ 0, & \text{其他}. \end{cases}$$

于是

$$\begin{aligned} E(X_i Y_j) &= P\{X_i = 1, X_j = 1\} \\ &= P\{X_i = 1\} P\{X_j = 1 | X_i = 1\} \\ &= \frac{1}{n(n-1)}, \end{aligned}$$

$$\mathrm{cov}(X_i, X_j) = E(X_i X_j) - E X_i \cdot E Y_j = \frac{1}{n^2(n-1)}.$$

所以

$$E X = E \sum_{i=1}^{n} X_i = \sum_{i=1}^{n} E X_i = 1,$$

$$\begin{aligned} DX &= D\left(\sum_{i=1}^{n} X_i\right) = \sum_{i=1}^{n} D X_i = 1 + 2 \sum_{i<j} \mathrm{cov}(X_i, X_j) \\ &= \frac{n-1}{n} + 2\mathrm{C}_n^2 \frac{1}{n^2(n-1)} = 1. \end{aligned}$$

26. 有 n 个袋子, 每个袋子中都装有 a 个白球 b 个黑球. 先从第一个袋中任意摸出一球, 记下颜色后把它放入第二个袋子中, 再从第二个袋子中任意摸出一球, 记下颜色后把它放入第三个袋子中, 如此依次摸下去, 最后从第 n 个袋中摸出一球并记下颜色, 试求这 n 次摸球中所摸得的白球数 X 的数学期望.

解 设

$$X_i = \begin{cases} 1, & \text{从第 } i \text{ 袋中球摸出 } 1 \text{ 球是白球}, \\ 0, & \text{其他}. \end{cases}$$

$i = 0, 1, \cdots, n.$ 由题意,$X = \sum_{i=1}^{n} X_i.$ 易知

$$P\{X_1 = 1\} = \frac{a}{a+b}, \quad P\{X_1 = 0\} = \frac{b}{a+b},$$

$$\begin{aligned} &P\{X_2 = 1\} \\ &= P\{X_1 = 1\} P\{X_2 = 1 | X_1 = 1\} + P\{X_1 = 0\} P\{X_2 = 1 | X_1 = 0\} \\ &= \frac{a}{a+b} \cdot \frac{a+1}{a+b+1} + \frac{b}{a+b} \cdot \frac{a}{a+b+1} = \frac{a}{a+b}, \end{aligned}$$

$$P\{X_2 = 0\} = 1 - P\{X_2 = 1\} = 1 - \frac{a}{a+b} = \frac{b}{a+b},$$

由此可知,

$$P\{X_i = 1\} = \frac{a}{a+b}, \quad P\{X_i = 0\} = \frac{b}{a+b},$$

$$EX_i = 1 \cdot \frac{a}{a+b} + 0 \cdot \frac{b}{a+b} = \frac{a}{a+b}, \quad i = 1, 2, \cdots, n.$$

$$EX = E\sum_{i=1}^{n} X_i = \sum_{i=1}^{n} EX_i = \frac{na}{a+b}.$$

27. 实验室中共有 n 台仪器, 第 i 台仪器发生故障的概率为 p_i, 设各台仪器发生故障是相互独立的. 记 X 为实验室中发生故障的仪器台数, 求 EX, DX.

解　设

$$X_i = \begin{cases} 1, & \text{第 } i \text{ 台发生故障}, \\ 0, & \text{反之}. \end{cases}$$

$i = 0, 1, \cdots, n$. 由题意, $X = \sum_{i=1}^{n} X_i$. 易知

$$P\{X_i = 1\} = p_i, \quad EX_i = 1 \cdot p_i + 0 \cdot (1 - p_i) = p_i,$$

故

$$EX = E\sum_{i=1}^{n} X_i = \sum_{i=1}^{n} EX_i = \sum_{i=1}^{n} p_i.$$

而 $E(X_i^2) = p_i, DX_i = E(X_i^2) - (EX_i)^2 = p_i - p_i^2$, 由条件 $X_1, X_2, \cdots, X_n$ 相互独立, 故

$$DX = D\sum_{i=1}^{n} X_i = \sum_{i=1}^{n} DX_i = \sum_{i=1}^{n} (p_i - p_i^2).$$

28. 卡车装运水泥, 设每袋水泥的重量是相互独立的, 且服从 $N(50, 2.5^2)$,(单位: 公斤) 分布. 问装多少袋水泥能使总重量超过 2000 公斤的概率为 0.05?

解　设每袋水泥重量为 X_i, 装 n 袋水泥能使总重量 X 超过 2000 公斤.

$$X = \sum_{i=1}^{n} X_i \sim N(50n, 2.5^2 n).$$

问题化为求 n, 使

$$P\{X > 2000\} = 0.05,$$

或 $P\{X \leqslant 2000\} = 0.95$, 即

$$\Phi\left(\frac{2000 - 50n}{2.5\sqrt{n}}\right) = 0.95.$$

查表知 $\dfrac{2000 - 50n}{2.5\sqrt{n}} = 1.645$, 解 $n + 0.08225\sqrt{n} - 40 = 0$, 得

$$\sqrt{n} = \frac{-0.08225 \pm \sqrt{0.08225^2 + 160}}{2},$$

取正值 $\sqrt{n} \approx 6.28. n \approx 39$.

29. 设 (X, Y) 的概率密度为

$$f(x, y) = \begin{cases} 8xy, & 0 < x < 1, 0 < y < x, \\ 0, & \text{其他}. \end{cases}$$

求 $EX, EY, \mathrm{cov}(X, Y)$.

解

$$EX = \int_{-\infty}^{\infty} \int_{-\infty}^{\infty} x f(x, y) \mathrm{d}x \mathrm{d}y$$

$$= \int_0^1 \mathrm{d}x \int_0^x x \cdot 8xy \mathrm{d}y = \frac{4}{5},$$

$$EY = \int_0^1 \mathrm{d}x \int_0^x y \cdot 8xy \mathrm{d}y = \frac{8}{15},$$

$$E(XY) = \int_0^1 \mathrm{d}x \int_0^x xy \cdot 8xy \mathrm{d}y = \frac{4}{9},$$

$$\mathrm{cov}(X, Y) = E(XY) - EX \cdot EY = \frac{4}{9} - \frac{4}{5} \cdot \frac{8}{15} = \frac{4}{225}.$$

30. (i) 已知 $EX = EY = 1, EZ = -1, DX = DY = DZ = 1, \rho_{XY} = 0$, $\rho_{XZ} = \dfrac{1}{2}, \rho_{YZ} = -\dfrac{1}{2}$, 求 $D(X + Y + Z)$.

(ii) 已知 $DX = 25, DY = 36, \rho_{XY} = 0.4$, 求 $D(X + Y), D(X - Y)$.

解 (i) 由条件, $DX = DY = DZ = 1$,

$$\mathrm{cov}(X, Y) = \rho_{XY}\sqrt{DX}\sqrt{DY} = 0,$$

$$\mathrm{cov}(Y, Z) = \rho_{YZ}\sqrt{DY}\sqrt{DZ} = -\frac{1}{2},$$

$$\mathrm{cov}(X, Z) = \rho_{XZ}\sqrt{DX}\sqrt{DZ} = \frac{1}{2},$$

所以

$$D(X + Y + Z) = DX + DY + DZ + 2\mathrm{cov}(X, Y) + 2\mathrm{cov}(Y, Z) + 2\mathrm{cov}(X, Z) = 3.$$

(ii) 由 $DX = 25, DY = 36, \rho_{XY} = 0.4$, 知

$$\mathrm{cov}(X, Y) = \rho_{XY}\sqrt{DX}\sqrt{DY} = 12,$$

$$D(X + Y) = DX + DY + 2\mathrm{cov}(X, Y) = 85,$$

$$D(X - Y) = DX + DY - 2\mathrm{cov}(X, Y) = 37.$$

31. 设 X 与 Y 独立, 均服从 $N(\mu, \sigma^2)$ 分布.

(i) 求 $aX + bY$ 与 $aX - bY$ 的相关系数, 其中 a, b 为不全为 0 的常数;

(ii) 证明 $E(\max\{X, Y\}) = \mu + \dfrac{\sigma}{\sqrt{\pi}}$.

(i)**解**　设 $Z_1 = aX + bY, Z_2 = aX - bY$.

$$\begin{aligned}
\mathrm{cov}(Z_1, Z_2) &= E(Z_1 Z_2) - EZ_1 EZ_2 \\
&= E[(aX + bY)(aX - bY)] - E(aX + bY) \cdot E(aX - bY) \\
&= E(a^2 X^2 - b^2 Y^2) - (a + b)\mu \cdot (a - b)\mu \\
&= (a^2 - b^2)(\sigma^2 + \mu^2) - (a^2 - b^2)\mu^2 \\
&= (a^2 - b^2)\sigma^2.
\end{aligned}$$

$$DZ_1 = D(aX + bY) = (a^2 + b^2)\sigma^2, \quad DZ_2 = D(aX - bY) = (a^2 + b^2)\sigma^2,$$

故 Z_1 与 Z_2 的相关系数为

$$\rho_{Z_1 Z_2} = \frac{\mathrm{cov}(Z_1, Z_2)}{\sqrt{DZ_1}\sqrt{DZ_2}} = \frac{a^2 - b^2}{a^2 + b^2}.$$

(ii)**证明**　不妨设 $\mu = 0$, 由 X, Y 独立, 故 (X, Y) 的概率密度为

$$f(x, y) = \frac{1}{\sqrt{2\pi}\sigma^2}\mathrm{e}^{-\frac{x^2 + y^2}{2\sigma^2}},$$

$$\begin{aligned}
E\{\max(X, Y)\} &= \int_{-\infty}^{\infty} \int_{-\infty}^{\infty} \max(x, y) f(x, y)\mathrm{d}x\mathrm{d}y \\
&= \frac{1}{2\pi\sigma^2}\left[\int_{-\infty}^{\infty} x\mathrm{d}x \int_{-\infty}^{x} \mathrm{e}^{-\frac{x^2 + y^2}{2\sigma^2}}\mathrm{d}y + \int_{-\infty}^{\infty} y\mathrm{d}y \int_{-\infty}^{y} \mathrm{e}^{-\frac{x^2 + y^2}{2\sigma^2}}\mathrm{d}x\right] \\
&= \frac{1}{\pi\sigma^2}\int_{-\infty}^{\infty} x\mathrm{e}^{-\frac{x^2}{2\sigma^2}}\mathrm{d}x \int_{-\infty}^{x} \mathrm{e}^{-\frac{y^2}{2\sigma^2}}\mathrm{d}y \\
&\quad \left(\diamondsuit u = \int_{-\infty}^{x} \mathrm{e}^{-\frac{y^2}{2\sigma^2}}\mathrm{d}y, \mathrm{d}v = x\mathrm{e}^{-\frac{x^2}{2\sigma^2}}\mathrm{d}x, \text{由分部积分法} \right) \\
&= \frac{1}{\pi\sigma^2}\left[-\sigma^2 \mathrm{e}^{-\frac{x^2}{2\sigma^2}} \int_{-\infty}^{x} \mathrm{e}^{-\frac{y^2}{2\sigma^2}}\mathrm{d}y\Big|_{-\infty}^{\infty} + \sigma^2 \int_{-\infty}^{\infty} \mathrm{e}^{-\frac{x^2}{\sigma^2}}\mathrm{d}x\right] \\
&= \frac{\sigma}{\sqrt{\pi}}.
\end{aligned}$$

当 $\mu \neq 0$ 时, 对 $X - \mu, Y - \mu$ 利用上面结果可得

$$E\{\max(X - \mu, Y - \mu)\} = E\{\max(X, Y)\} - \mu = \frac{\sigma}{\sqrt{\pi}},$$

即 $E\{\max(X,Y)\} = \mu + \dfrac{\sigma}{\sqrt{\pi}}$.

32. 设 (X,Y) 的联合分布律为

Y \ X	0	1	2	3
1	0	$\dfrac{3}{8}$	$\dfrac{3}{8}$	0
3	$\dfrac{1}{8}$	0	0	$\dfrac{1}{8}$

说明 X 与 Y 不相关, 但 X 与 Y 不独立.

解　先求出边缘分布律

X	0	1	2	3
P_X	$\dfrac{1}{8}$	$\dfrac{3}{8}$	$\dfrac{3}{8}$	$\dfrac{1}{8}$

Y	1	3
P_Y	$\dfrac{3}{4}$	$\dfrac{1}{4}$

$$P\{X=1\}P\{Y=3\} = \frac{3}{8} \cdot \frac{1}{4}, \text{ 而 } P\{X=1, Y=3\} = 0, \text{ 由此知 } X \text{ 与 } Y \text{ 不独立.}$$

$$EX = 1 \cdot \frac{3}{8} + 2 \cdot \frac{3}{8} + 3 \cdot \frac{1}{8} = \frac{3}{2}, \quad EY = 1 \cdot \frac{3}{4} + 3 \cdot \frac{1}{4} = \frac{3}{2},$$

$$E(XY) = 1 \cdot P\{X=1, Y=1\} + 3 \cdot P\{X=1, Y=3\} + 2 \cdot P\{X=2, Y=1\}$$
$$+ 6 \cdot P\{X=2, Y=3\} + 3 \cdot P\{X=3, Y=1\} + 9 \cdot P\{X=3, Y=3\}$$
$$= 1 \cdot \frac{3}{8} + 3 \cdot 0 + 2 \cdot \frac{3}{8} + 6 \cdot 0 + 3 \cdot 0 + 9 \cdot \frac{1}{8}$$
$$= \frac{9}{4},$$

故 $E(XY) = EX \cdot EY$, 这说明 X 与 Y 不相关.

33. 设 X 与 Y 独立, 均服从几何分布 $P\{X=k\} = pq^k, k = 0, 1, \cdots$. 求 $E(\max\{X, Y\})$.

解　由 X 与 Y 独立, 故 (X,Y) 的分布律为

$$P\{X=i, Y=j\} = pq^i \cdot pq^j, \quad i, j = 0, 1, \cdots.$$

因 $\{\max\{X,Y\}=k\}=\{X=k,Y\leqslant k\}\cup\{X<k,Y=k\}$,

$$P\{\max\{X,Y\}=k\}=\sum_{j=0}^{k}P\{X=k,Y=j\}+\sum_{i=0}^{k-1}P\{X=i,Y=k\}$$

$$=\sum_{j=0}^{k}p^2q^{k+j}+\sum_{i=0}^{k-1}p^2q^{i+k}$$

$$=pq^k(2-q^k-q^{k+1}),\quad k=0,1,\cdots,$$

所以

$$E(\max\{X,Y\})=\sum_{k=0}^{\infty}kP\{\max\{X,Y\}=k\}$$

$$=\sum_{k=1}^{\infty}2pkq^k-\sum_{k=1}^{\infty}kpq^{2k}-\sum_{k=1}^{\infty}kpq^{2k+1}$$

$$=\frac{2q}{p}-p\frac{q^2}{(1-q^2)^2}-p\frac{q^3}{(1-q^2)^2}$$

$$=\frac{2q}{p}-\frac{q^2}{1-q^2}.$$

34. 已知 X 与 Y 独立, 且 $EX=EY=0$. 证明

$$E\mid X+Y\mid\geqslant\max\{E\mid X\mid,E\mid Y\mid\}.$$

证明　由于 $EY=0$, 故 $x=E(x+Y)$, 从而对任意实数 x 有

$$|x|\leqslant E|x+Y|.$$

设 X,Y 是连续型随机变量,(X,Y) 的概率密度因独立性为

$$f(x,y)=f_X(x)f_Y(y),$$

所以

$$E|X+Y|=\int_{-\infty}^{\infty}\int_{-\infty}^{\infty}|x+y|f(x,y)\mathrm{d}x\mathrm{d}y$$

$$=\int_{-\infty}^{\infty}f_X(x)\mathrm{d}x\int_{-\infty}^{\infty}|x+y|f_Y(y)\mathrm{d}y$$

$$=\int_{-\infty}^{\infty}E|x+Y|f_X(x)\mathrm{d}x$$

$$\geqslant\int_{-\infty}^{\infty}|x|f_X(x)\mathrm{d}x=E|X|.$$

同理可证明 $E|X + Y| \geqslant E|Y|$, 这就证明了

$$E|X + Y| \geqslant \max\{E|X|, E|Y|\}.$$

对离散型情况也完全类似.

35. 设 (X, Y) 的概率密度为

$$f(x, y) = \begin{cases} 1, & 0 < x < 1, |\, y \,| < x, \\ 0, & \text{其他}. \end{cases}$$

问 (i) X 与 Y 是否不相关? (ii) X 与 Y 是否独立?

解　先解 (ii), 由于对 $0 < x < 1$,

$$f_X(x) = \int_{-\infty}^{\infty} f(x, y)\mathrm{d}y = \int_{-x}^{x} \mathrm{d}y = 2x,$$

对其他 $x, f_X(x) = 0$. 对 $-1 < y < 1$,

$$f_Y(y) = \int_{-\infty}^{\infty} f(x, y)\mathrm{d}x = \int_{|y|}^{1} \mathrm{d}y = 1 - |y|,$$

对其他 $y, f_Y(y) = 0$. 故

$$f(x, y) \neq f_X(x) f_Y(y),$$

即 X 与 Y 不独立.

下面解 (i), 由于

$$EX = \int_{-\infty}^{\infty} x f_X(x)\mathrm{d}x = \int_{0}^{1} x \cdot 2x\mathrm{d}x = \frac{2}{3},$$

$$EY = \int_{-\infty}^{\infty} y f_Y(y)\mathrm{d}y = \int_{-1}^{1} y(1 - |y|)\mathrm{d}y = 0,$$

$$E(XY) = \int_{-\infty}^{\infty} \int_{-\infty}^{\infty} xy f(x, y)\mathrm{d}x\mathrm{d}y$$

$$= \int_{0}^{1} \mathrm{d}x \int_{-x}^{x} xy\mathrm{d}y = 0,$$

即 $E(XY) = EX \cdot EY$, 故 X 与 Y 不相关.

36. A, B 为两个事件, 定义随机变量

$$X = \begin{cases} 1, & \text{若}A\text{出现}, \\ 0, & \text{若}A\text{不出现}, \end{cases} \qquad Y = \begin{cases} 1, & \text{若}B\text{出现}, \\ 0, & \text{若}B\text{不出现}, \end{cases}$$

证明 (i) X 与 Y 不相关的充要条件是 A 与 B 相互独立;

(ii) 若 $\rho_{XY} = 0$ 则 X 与 Y 必独立.

证明　(i) 若 A 与 B 独立, 则由条件 $P\{X = 1\} = P(A), P\{X = 0\} = P(\overline{A})$, $P\{Y = 1\} = P(B), P\{Y = 0\} = P(\overline{B})$, 此时 $EX = P(A), EY = P(B)$.

而

$$P\{XY = 1\} = P\{X = 1, Y = 1\} = P\{X = 1\}P\{Y = 1\} = P(A)P(B),$$

$$\begin{aligned} P\{XY = 0\} &= P\{X = 1, Y = 0\} + P\{X = 0, Y = 1\} \\ &= P(A)P(\overline{B}) + P(A)P(\overline{B}). \end{aligned}$$

故 $E(XY) = P(A)P(B)$, 可推出 $E(XY) = EX \cdot EY$, 即 X, Y 不相关.

若 X 与 Y 不相关, 由 $P\{XY = 1\} = P\{Y = 1, Y = 1\} = P(AB)$, 知 $E(XY) = P(AB), EX = P(A), EY = P(B)$, 因 X 与 Y 不相关, 即 $E(XY) = EX \cdot EY$, 故 $P(AB) = P(A)P(B)$, 这说明 A 与 B 独立.

(ii) 由 $\rho_{XY} = 0$ 可知 X 与 Y 不相关, 与 (i) 同样可证得 A 与 B 独立, 此时

$$P\{X = 1, Y = 1\} = P(AB) = P(A)P(B) = P\{X = 1\} \cdot P\{Y = 1\},$$

$$P\{X = 1, Y = 0\} = P(A\overline{B}) = P(A)P(\overline{B}) = P\{X = 1\} \cdot P\{Y = 0\},$$

$$P\{X = 0, Y = 1\} = P(\overline{A}B) = P(\overline{A})P(B) = P\{X = 0\} \cdot P\{Y = 1\},$$

$$P\{X = 0, Y = 0\} = P(\overline{A}\,\overline{B}) = P(\overline{A})P(\overline{B}) = P\{X = 0\} \cdot P\{Y = 0\},$$

这就证明了 X 与 Y 相互独立.

37. 袋中有 4 个白球和 5 个黑球, 第一次从袋中取出 3 个球 (不放回), 接着第二次又取出 5 个球. 以 X 表示第一次取出的白球数, Y 表示第二次取出的白球数.

(i) 求 $Y = i$ 的条件下 X 的条件分布律, $i = 1, 2, 3, 4$;

(ii) 求 $E(X \mid Y = i), i = 1, 2, 3, 4$.

解　(i) 若 $Y = 1$, 即第二次抽取的 5 球中有 1 白 4 黑, 故第一次抽取只能在 3 白 1 黑中抽取 3 个球, 于是第一次抽取 3 个球中的白球的个数 $X \geqslant 2$, 所以

$$P\{X = 0 | Y = 1\} = P\{X = 1 | Y = 1\} = 0,$$

$$P\{X = 2 | Y = 1\} = \frac{C_3^2 C_1^1}{C_4^3} = \frac{3}{4},$$

$$P\{X = 3 | Y = 1\} = \frac{C_3^3}{C_4^3} = \frac{1}{4},$$

类似地可求出

j	0	1	2	3
$P\{X=j|Y=2\}$	0	$\frac{1}{2}$	$\frac{1}{2}$	0
$P\{X=j|Y=3\}$	$\frac{1}{4}$	$\frac{3}{4}$	0	0
$P\{X=j|Y=4\}$	1	0	0	0

(ii)

$$E\{X|Y=1\} = 2 \cdot \frac{3}{4} + 3 \cdot \frac{1}{4} = \frac{9}{4},$$

$$E\{X|Y=2\} = 1 \cdot \frac{1}{2} + 2 \cdot \frac{1}{2} = \frac{3}{2},$$

$$E\{X|Y=3\} = 0 \cdot \frac{1}{4} + 1 \cdot \frac{3}{4} = \frac{3}{4},$$

$$E\{X|Y=4\} = 0.$$

38. (X,Y) 的概率密度为

$$f(x,y) = \begin{cases} 24y(1-x-y), & 0 \leqslant x \leqslant 1, 0 \leqslant y \leqslant 1-x, \\ 0, & \text{其他}. \end{cases}$$

求 $E\left(X \mid Y = \frac{1}{2}\right)$.

解　由于 $0 < y < 1$ 时

$$f_Y(y) = \int_{-\infty}^{\infty} f(x,y)\mathrm{d}x = \int_0^{1-y} 24y(1-x-y)\mathrm{d}x$$

$$= 12y(1-y)^2,$$

对其他 y, $f_Y(y) = 0$, 故可求得当 $0 < y < 1$ 时

$$f_X(x|y) = \frac{2(1-x-y)}{(1-y)^2}, \quad 0 < x < 1-y.$$

所以

$$f_X\left(x\Big|\frac{1}{2}\right) = \begin{cases} 8\left(\frac{1}{2}-x\right), & 0 < x < \frac{1}{2}, \\ 0, & \text{其他}. \end{cases}$$

可求出

$$E\left(X\Big|Y=\frac{1}{2}\right) = \int_{-\infty}^{\infty} x f_X\left(x\Big|\frac{1}{2}\right)\mathrm{d}x = \int_0^{\frac{1}{2}} x 8\left(\frac{1}{2}-x\right) = \frac{1}{6}.$$

39. 某车间从一电力公司每天得到电能 X(单位：千瓦) 服从 $[10,30]$ 上的均匀分布. 该车间每天对电能的需要量 Y 服从 $[10,20]$ 上的均匀分布.X 与 Y 独立. 设车间从电力公司得到的每千瓦电能可取得 300 元利润；如车间用电量超过电力公司所提供的数量, 就要使用自备发电机提供的附加电能来补充, 而从附加电能中每千瓦只能取得 100 元利润. 问一天中该车间获得利润的数学期望是多少？

解　设 Q 为一天中该车间获得的利润, 由题意

$$Q = \begin{cases} 300Y, & Y \leqslant X, \\ 300X + 100(Y - X), & Y > X. \end{cases}$$

而 (X,Y) 的概率密度为

$$f(x,y) = \begin{cases} \dfrac{1}{200}, & 10 \leqslant x \leqslant 30, 10 \leqslant y \leqslant 20, \\ 0, & \text{其他}. \end{cases}$$

$$\begin{aligned} EQ &= \frac{1}{200} \int_{10}^{20} \mathrm{d}y \left[\int_{10}^{y} (200x + 100y)\mathrm{d}x + \int_{y}^{30} 300y\mathrm{d}x \right] \\ &= 4333\frac{1}{3}, \end{aligned}$$

即该车间一天获得的利润的数学期望为 $4333\dfrac{1}{3}$ 元.

40. 某保险公司的人寿保险单持有者死亡将获得保险金为随机变量 D(单位：元), 它服从 $[10000,50000]$ 上的均匀分布. 设在一年中在该公司购买人寿保险的人的死亡数 N 服从参数为 $\lambda = 8$ 的泊松分布. 且每人获得的保险金额是相互独立的, 与 D 同分布,D 与 N 也相互独立, 求一年中该公司需要支付的总保险金额 X 的期望与方差.

解　设第 i 人获得的保险金额为 D_i, 一年中死亡人数为 N, 故一年中公司应支付的总保险金额为

$$X = \sum_{i=1}^{N} D_i.$$

由于 N 是随机变量, 故由 (3.4.3) 式,

$$\begin{aligned} EX &= E[E(X|N)] \\ &= E\left[E\left(\sum_{i=1}^{N} D_i | N \right) \right] \\ &= \sum_{n=1}^{\infty} E\left(\sum_{i=1}^{N} D_i | N = n \right) P\{N = n\} \end{aligned}$$

$$= \sum_{n=1}^{\infty} E\left(\sum_{i=1}^{n} D_i | N = n\right) P\{N = n\}$$

$$= \sum_{n=1}^{\infty} E\left(\sum_{i=1}^{n} D_i\right) P\{N = n\}$$

$$= \sum_{n=1}^{\infty} nED \cdot P\{N = n\}$$

$$= EN \cdot ED,$$

在上面的证明中可知

$$E(X|N = n) = E\left(\sum_{i=1}^{N} D_i | N = n\right) = nED,$$

故知

$$E(X|N) = N \cdot ED.$$

由于

$$E[(X - E(X|N))(E(X|N) - EX)|N]$$
$$= (E(X|N) - EX)E[(X - E(X|N))|N]$$
$$= (E(X|N) - EX)(E(X|N) - E(X|N))$$
$$= 0,$$

故

$$E[(X - EX)^2|N] = E[(X - E(X|N) + E(X|N) - EX)^2|N]$$
$$= E[(X - E(X|N))^2|N] + E[(E(X|N) - EX)^2|N],$$

上式中第二项, 由于

$$E[(E(X|N) - EX)^2|N = n]$$
$$= E\left[NED - E\sum_{i=1}^{N} D_i | N = n\right] = 0,$$

于是

$$\text{var}X = E\{E[(X - EX)^2|N]\}$$
$$= E\{E[(X - E(X|N))^2|N]\} = E\{E[(X - N \cdot ED)^2|N]\}$$
$$= \sum_{n=1}^{\infty} E\left[\left(\sum_{n=1}^{N}(D_i - ED_i)\right)^2 | N = n\right] P\{N = n\}$$

$$= \sum_{n=1}^{\infty} E\left(\sum_{n=1}^{n} (D_i - ED_i)\right)^2 P\{N = n\}$$

$$= \sum_{n=1}^{\infty} n \mathrm{var} D P\{N = n\}$$

$$= \mathrm{var} D \cdot EN$$

$$= \frac{40000^2}{12} \cdot 8$$

$$= \frac{2}{3} \cdot 40000^2.$$

41. 某地区足长为 x 的成年男子其身高 Y(单位: 厘米) 服从 $N(6.88x, 9)$ 分布, 在侦破某案件中, 一疑犯留下足印经测量其足长为 25.5 厘米, 问此疑犯身高的最佳预测值是多少?

解 令 X 表示足长, 则 $Y = 6.88X + \xi$, 其中 $\xi \sim N(0, 9)$, 且与 X 独立, 于是当 $X = 25.5$ 时 Y 的最佳预测值应为

$$E(Y|X = 25.5) = E(6.88X + \xi|X = 25.5)$$

$$= 6.88 \cdot 25.5 + E(\xi|X = 25.5)$$

$$= 175.44 + E\xi$$

$$= 175.44(\text{厘米}).$$

第4章 大数定律与中心极限定理

1. 设 $X_1, X_2, \cdots, X_{50}$ 是相互独立的随机变量, 且均服从参数 $\lambda = 0.3$ 的泊松分布. 令 $Y = X_1 + X_2 + \cdots + X_{50}$, 利用中心极限定理计算 $P\{Y > 18\}$.

解 由条件 $EX_1 = 0.3, DX_1 = 0.3$.

由定理 4.2.1,

$$P\{0 \leqslant Y \leqslant 18\} = P\left\{\frac{0 - 50 \cdot 0.3}{\sqrt{50 \cdot 0.3}} \leqslant \frac{\sum\limits_{i=1}^{50} X_i - 50 \cdot 0.3}{\sqrt{50 \cdot 0.3}} \leqslant \frac{18 - 50 \cdot 0.3}{\sqrt{50 \cdot 0.3}}\right\}$$

$$= \Phi(0.7746) - \Phi(-3.8730)$$

$$\approx 0.7807,$$

所以 $P\{Y > 18\} = 0.2193$.

2. 车间有 150 台车床独立地工作着. 每台机床工作时需要电力都是 5 千瓦, 若每台车床的开工率为 60%, 试问要供给该车间多少电力才能以 99.8% 的概率保证这个车间的用电?

解 设 150 台车床中工作的车床数为 X, 则由题意 $X \sim B(150, 0.6)$. 先求 r 使

$$P\{X \leqslant r\} \geqslant 0.998.$$

由 (4.2.4) 式,

$$P\{0 \leqslant X \leqslant r\}$$

$$= P\left\{\frac{0 - 150 \cdot 0.6}{\sqrt{150 \cdot 0.6 \cdot 0.4}} \leqslant \frac{X - 150 \cdot 0.6}{\sqrt{150 \cdot 0.6 \cdot 0.4}} \leqslant \frac{r - 150 \cdot 0.6}{\sqrt{150 \cdot 0.6 \cdot 0.4}}\right\}$$

$$= \Phi\left(\frac{r - 90}{6}\right) - \Phi(-15)$$

$$\approx \Phi\left(\frac{r - 90}{6}\right),$$

求 r 使

$$\Phi\left(\frac{r - 90}{6}\right) \geqslant 0.998,$$

即

$$\frac{r-90}{6} = 2.88, \quad r = 107.28 \approx 108.$$

这说明保证有不超过 108 台车床工作的概率为 99.8% 或只要供电 $5 \cdot 108 = 540$ 千瓦, 就能以 99.8% 的概率保证车间用电.

3. 将一枚硬币连掷 100 次, 计算正面出现的次数大于 60 的概率.

解 设正面出现的次数为 X, 则 $X \sim B(100, 0.5)$, 由 (4.2.4) 式

$$P\{0 \leqslant X \leqslant 60\} = P\left\{\frac{0 - 100 \cdot \dfrac{1}{2}}{\sqrt{100 \cdot \dfrac{1}{4}}} \leqslant \frac{X - 100 \cdot \dfrac{1}{2}}{\sqrt{100 \cdot \dfrac{1}{4}}} \leqslant \frac{60 - 100 \cdot \dfrac{1}{2}}{\sqrt{100 \cdot \dfrac{1}{4}}}\right\}$$

$$= \Phi(2) - \Phi(-10)$$

$$\approx \Phi(2) = 0.9772,$$

所以 $P\{X > 60\} = 0.0228$.

4. 分别用契贝晓夫不等式与棣莫弗－拉普拉斯定理确定: 当掷一枚硬币时, 需要掷多少次才能保证出现正面的频率在 0.4 和 0.6 之间的概率不小于 0.9?

解 设 n 次掷币中正面出现的次数为 X, 并设

$$X_i = \begin{cases} 1, & \text{第 } i \text{ 次掷币出现正面}, \\ 0, & \text{反之}. \end{cases}$$

故 $X = \sum_{i=1}^{n} X_i$, 正面出现的频率为 $\dfrac{X}{n}$, 问题成为求 n, 使

$$P\left\{0.4 < \frac{X}{n} < 0.6\right\} \geqslant 0.9,$$

$X \sim B\left(n, \dfrac{1}{2}\right), EX = n \cdot \dfrac{1}{2}, DX = n\dfrac{1}{2} \cdot \dfrac{1}{2}$, 故由切比雪夫不等式,

$$P\left\{0.4 < \frac{X}{n} < 0.6\right\} = P\{|X - 0.5n| < 0.1n\}$$

$$\geqslant 1 - \frac{\dfrac{1}{4} \cdot n}{0.01n^2} = 0.9,$$

可求出 $n = 250$, 利用隶美弗－拉普拉斯定理

$$P\left\{0.4 < \frac{X}{n} < 0.6\right\} = P\left\{\frac{|X - 0.5n|}{\sqrt{n \cdot \frac{1}{2} \cdot \frac{1}{2}}} < \frac{\sqrt{n} \cdot 0.1}{\sqrt{\frac{1}{2} \cdot \frac{1}{2}}}\right\}$$

$$\approx \Phi(0.2\sqrt{n}) - \Phi(-0.2\sqrt{n})$$

$$= 2\Phi(0.2\sqrt{n}) - 1 = 0.9.$$

$\Phi(0.2\sqrt{n}) = 0.95, 0.2\sqrt{n} = 1.645, n = 67.65,$ 取 $n \geqslant 68.$

5. 保险公司有 3000 个同一年龄段的人参加人寿保险, 在一年中这些人的死亡率为 0.1%. 参加保险的人在一年的开始交付保险费 100 元, 死亡时家属可从保险公司领取 10000 元. 求 (i) 保险公司一年获利不少于 200000 元的概率; (ii) 保险公司亏本的概率.

解 (i) 设一年中这 3000 人中死亡的人数为 X, 则 $X \sim B(3000, 0.001)$, 由题意该保险公司获利为 $3000 \cdot 100 - 10000X$, 故获利不少于 200000 的概率为

$$P\{200000 \leqslant 3000 \cdot 100 - 10000X \leqslant 3000 \cdot 100\}$$

$$= P\{0 \leqslant X \leqslant 10\}$$

$$= P\left\{\frac{0 - 3000 \cdot 0.001}{\sqrt{3000 \cdot 0.001 \cdot 0.999}} \leqslant \frac{X - 3000 \cdot 0.001}{\sqrt{3000 \cdot 0.001 \cdot 0.999}} \leqslant \frac{10 - 3000 \cdot 0.001}{\sqrt{3000 \cdot 0.001 \cdot 0.999}}\right\}$$

$$\approx \Phi(4.04) - \Phi(-1.73)$$

$$= 0.958.$$

(ii) 亏损的概率为

$$P\{3000 \cdot 100 < 10000X \leqslant 3000 \cdot 10000\}$$

$$= P\{30 < X \leqslant 3000\} \approx 0.$$

6. 对敌人的防御地带进行 100 次轰炸, 每次轰炸命中目标的炸弹数目是一个均值为 2, 方差为 1.69 的随机变量. 求在 100 次轰炸中有 180 到 220 颗炸弹命中目标的概率.

解 设第 i 次轰炸命中目标的炸弹数为 X_i, 则 100 次轰炸命中的炸弹数 $X = \sum_{i=1}^{100} X_i$, 由题意, $EX_i = 2, DX_i = 1.69$, 由定理 4.2.1,

$$P\{180 \leqslant X \leqslant 220\}$$

$$= P\left\{\frac{180 - 200}{\sqrt{169}} \leqslant \frac{X - 200}{\sqrt{169}} \leqslant \frac{220 - 200}{\sqrt{169}}\right\}$$

$$\approx \Phi\left(\frac{20}{13}\right) - \Phi\left(-\frac{20}{13}\right)$$

$$= 2\Phi(1.54) - 1 = 0.8764.$$

7. 某单位有 200 台电话机, 每台电话大约有 5% 的时间要用外线通话. 如果各台电话使用外线是相互独立的, 问该单位总计至少需要装多少外线, 才能以 90% 以上的概率保证每台电话使用外线时不被占用.

解　设 200 台电话机中要用外线的台数为 X, 则 $X \sim B(200, 0.05)$, $EX = 200 \cdot 0.05 = 10$, $DX = 200 \cdot 0.05 \cdot 0.95 = 9.5$.

问题成为求 r, 使

$$P\{0 \leqslant X < r\} > 0.9,$$

即

$$P\{0 < X \leqslant r\} = P\left\{\frac{0-10}{\sqrt{9.5}} < \frac{X-10}{\sqrt{9.5}} \leqslant \frac{r-10}{\sqrt{9.5}}\right\}$$

$$\approx \Phi\left(\frac{r-10}{\sqrt{9.5}}\right) - \Phi\left(\frac{-10}{\sqrt{9.5}}\right) > 0.9,$$

解

$$\Phi\left(\frac{r-10}{3.08}\right) + 1 - \Phi(3.24) = 0.9,$$

$$\frac{r-10}{3.08} = 1.28, \quad r = 13.94,$$

故至少安装 14 条外线, 才能以 90% 以上的概率保证每台电话使用时不被占用.

8. 设 $X_1, X_2, \cdots, X_{20}$ 相互独立, 且都服从 $(0, 1)$ 上的均匀分布, 求 $P\left\{\sum\limits_{i=1}^{20} X_i > 10.5\right\}$.

解　由于 X_i 服从 $(0, 1)$ 上的均匀分布, 故 $DX_i = \frac{1}{12}$, $EX_i = \frac{1}{2}$. 令 $X = \sum\limits_{i=1}^{20} X_i$, 则 $EX = 10$, $DX = \frac{5}{3}$.

由定理 4.2.1,

$$P\{20 > X > 10.5\} = P\left\{\frac{20-10}{\sqrt{\frac{5}{3}}} > \frac{X-10}{\sqrt{\frac{5}{3}}} > \frac{0.5-10}{\sqrt{\frac{5}{3}}}\right\}$$

$$\approx 1 - \Phi(\sqrt{0.15}) = 0.348.$$

9. 设 $X_1, X_2, \cdots, X_{30}$ 相互独立, 均服从参数为 $\lambda = 0.1$ 的指数分布, 求 $P\left\{\sum\limits_{i=1}^{30} X_i > \right.$

$350\Big\}.$

解　由题意 $EX_i = \dfrac{1}{0.1} = 10, DX_i = \dfrac{1}{0.1^2} = 100,$ 故

$$P\left\{\sum_{i=1}^{30} X_i > 350\right\} = P\left\{\frac{\displaystyle\sum_{i=1}^{30} X_i - 30 \cdot 10}{\sqrt{30 \cdot 100}} > \frac{50}{\sqrt{30 \cdot 100}}\right\}$$

$$\approx 1 - \Phi(0.91) = 0.1814.$$

10. 一批木材中 80% 的长度不小于 3 米, 从这批木材中随机地取出 100 根, 问其中至少有 30 根短于 3 米的概率是多少?

解　设

$$X_i = \begin{cases} 1, & \text{第 } i \text{ 根短于 } 3, \\ 0, & \text{反之}. \end{cases}$$

由题意,$P\{X_i = 1\} = 0.2, EX_i = 0.2, E(X_i^2) = 0.2, DX_i = E(X_i^2) - (EX_i)^2 = 0.16.$

100 根中短于 3 米的根数为 $\displaystyle\sum_{i=1}^{100} X_i,$ 故其中至少有 30 根短于 3 米的概率为

$$P\{100 \geqslant \sum_{i=1}^{100} X_i \geqslant 30\} = P\left\{\frac{30 - 100 \cdot 0.2}{\sqrt{100 \cdot 0.16}} \leqslant \frac{\displaystyle\sum_{i=1}^{100} X_i - 100 \cdot 0.2}{\sqrt{100 \cdot 0.16}} \leqslant \frac{100 - 100 \cdot 0.2}{\sqrt{100 \cdot 0.16}}\right\}$$

$$\approx \Phi(20) - \Phi\left(\frac{5}{2}\right)$$

$$\approx 0.0062.$$

11. 一复杂系统由 n 个相互独立工作的部件组成, 每个部件的可靠性 (即部件在一定时间内无故障的概率) 为 0.9, 且必须至少有 80% 的部件工作才能使整个系统工作. 问 n 至少为多少才能使系统的可靠性为 0.95.

解　设

$$X_i = \begin{cases} 1, & \text{第 } i \text{ 个部件工作正常}, \\ 0, & \text{反之}, \end{cases}$$

则 $P\{X_i = 1\} = 0.9, EX_i = 0.9, E(X_i^2) = 0.9, DX_i = E(X_i^2) - (EX_i)^2 = 0.09.$

n 个部件中能正常工作的部件个数为 $\sum\limits_{i=1}^{n} X_i$, 问题化为求 n, 使

$$P\left\{\sum_{i=1}^{n} X_i \geqslant 0.8n\right\} = 0.95$$

或者

$$P\left\{0.8n \leqslant \sum_{i=1}^{n} X_i \leqslant n\right\}$$

$$= P\left\{\frac{0.8n - 0.9n}{\sqrt{n \cdot 0.09}} \leqslant \frac{\sum\limits_{i=1}^{n} X_i - 0.9n}{\sqrt{n \cdot 0.09}} \leqslant \frac{n - 0.9n}{\sqrt{n \cdot 0.09}}\right\}$$

$$\approx \Phi\left(\frac{\sqrt{n}}{3}\right) - \Phi\left(-\frac{\sqrt{n}}{3}\right)$$

$$\approx 2\Phi\left(\frac{\sqrt{n}}{3}\right) - 1 = 0.95,$$

解 $\Phi\left(\dfrac{\sqrt{n}}{3}\right) = 0.975, \dfrac{\sqrt{n}}{3} = 1.96, n = 34.57$, 故 n 至少为 35, 才能使系统的可靠性为 0.95.

12. 抽样检查合格产品质量时, 如发现次品多于 10 个, 则拒绝接受这批产品. 设某批产品的次品率为 10%, 问至少应抽取多少件产品检查才能使拒绝这批产品的概率为 0.9？

解 设

$$X_i = \begin{cases} 1, & \text{第 } i \text{ 件产品经检验为次品}, \\ 0, & \text{反之}, \end{cases}$$

则由条件, $P\{X_i = 1\} = 0.1, EX_i = 0.1, E(X_i^2) = 0.1, DX_i = E(X_i^2) - (EX_i)^2 = 0.09.$

抽取 n 件产品检查其中的次品数为 $\sum\limits_{i=1}^{n} X_i$, 问题化为求 n, 使

$$P\left\{10 < \sum_{i=1}^{n} X_i \leqslant n\right\} = 0.9$$

或者

$$P\left\{\frac{10 - 0.1n}{\sqrt{n \cdot 0.09}} < \frac{\sum\limits_{i=1}^{n} X_i - 0.1n}{\sqrt{n \cdot 0.09}} \leqslant \frac{n - 0.1n}{\sqrt{n \cdot 0.09}}\right\}$$

$$\approx \Phi\left(3\sqrt{n}\right) - \Phi\left(\frac{10 - 0.1n}{0.3\sqrt{n}}\right)$$

$$\approx \Phi\left(\frac{0.1n - 10}{0.3\sqrt{n}}\right) = 0.90,$$

解

$$\frac{0.1n - 10}{0.3\sqrt{n}} = 1.28, \quad 0.1n - 0.384\sqrt{n} - 10 = 0,$$

$$\sqrt{n} = \frac{0.384 + \sqrt{0.384^2 + 4}}{0.2} = 12.2,$$

故 $n = 146.9$, 故至少取 147 件产品检查, 才能使拒绝这批产品的概率为 0.9.

13. 为检验一种新药对某种疾病的治愈率为 80% 是否可靠, 给 10 个患该疾病的病人同时服药, 结果治愈人数不超过 5 人, 试判断该药的治愈率为 80% 是否可靠?

解 设

$$X_i = \begin{cases} 1, & \text{第 } i \text{ 个人服药治愈,} \\ 0, & \text{反之.} \end{cases}$$

则由条件, 若 $P\{X_i = 1\} = 0.8, EX_i = 0.8, E(X_i^2) = 0.8, DX_i = E(X_i^2) - (EX_i)^2 = 0.16$, 10 个人服药治愈人数为 $\sum\limits_{i=1}^{10} X_i$, 因为结果治愈人数不超过 5 人的概率

$$P\left\{0 \leqslant \sum_{i=1}^{10} X_i \leqslant 5\right\}$$

$$= P\left\{\frac{0 - 10 \cdot 0.8}{\sqrt{10 \cdot 0.16}} < \frac{\sum\limits_{i=1}^{10} X_i - 10 \cdot 0.8}{\sqrt{10 \cdot 0.16}} \leqslant \frac{5 - 10 \cdot 0.8}{\sqrt{10 \cdot 0.16}}\right\}$$

$$\approx 1 - \Phi\left(\frac{3}{\sqrt{1.6}}\right) = 1 - \Phi(2.37) = 0.0089,$$

这说明若假定治愈率为 80%, 治愈人数不超过 5 人是一个小概率事件, 几乎不可能发生, 故假定治愈率为 80% 是不可靠的.

14. 设 $X_1, X_2, \cdots$ 是独立同分布的随机变量列, 均服从 $[0, a]$ 上的均匀分布, 记 $M_n = \max\{X_1, X_2, \cdots, X_n\}$, 证明: 对任意 $\varepsilon > 0$,

$$\lim_{n \to \infty} P\{|M_n - a| \geqslant \varepsilon\} = 0,$$

即 $M_n \xrightarrow{P} a$.

证明　由 (2.7.6) 式, 知 $M_n = \max\{X_1, X_2 \cdots, X_n\}$ 的分布函数为 $F_{M_n}(x) = (F(x))^n$, 其中 $F(x)$ 是 $(0, a)$ 上均匀分布的分布函数, 即

$$F_{M_n}(x) = \begin{cases} 0, & x < 0, \\ \left(\dfrac{x}{a}\right)^n, & 0 \leqslant x \leqslant a, \\ 1, & x > a. \end{cases}$$

故对任意 $\varepsilon > 0$,

$$\begin{aligned} P\{|M_n - a| \geqslant \varepsilon\} &= P\{M_n \leqslant a - \varepsilon\} \\ &= F_{M_n}(a - \varepsilon) \\ &= \left(\frac{a - \varepsilon}{a}\right)^n \to 0, \quad n \to \infty. \end{aligned}$$

这就证明了 $M_n \xrightarrow{P} a$.

15. 设 $X_1, X_2, \cdots$ 为一列随机变量, 如果对任意正整数 $n, D\left(\displaystyle\sum_{i=1}^{n} X_i\right) < \infty$ 且 $\displaystyle\lim_{n\to\infty} \frac{1}{n^2} D\left(\sum_{i=1}^{n} X_i\right) = 0$, 则

$$\lim_{n\to\infty} P\left\{\left|\frac{1}{n}\sum_{i=1}^{n}(X_i - EX_i)\right| \geqslant \varepsilon\right\} = 0.$$

(提示: 与 §4.1 定理 1 证明类似. 此题结论称为马尔可夫 (Markov) 大数定律)

证明　记 $Y_n = \dfrac{1}{n}\displaystyle\sum_{i=1}^{n} X_i$, 则 $EY_n = \dfrac{1}{n}\displaystyle\sum_{i=1}^{n} EX_i, DY_n = \dfrac{1}{n^2}D\left(\displaystyle\sum_{i=1}^{n} X_i\right)$, 由题设和切比雪夫不等式,

$$\begin{aligned} &P\left\{\left|\frac{1}{n}\sum_{i=1}^{n}(X_i - EX_i)\right| \geqslant \varepsilon\right\} \\ &= P\left\{\left|\frac{1}{n}\sum_{i=1}^{n}(X_i) - \frac{1}{n}\sum_{i=1}^{n} EX_i\right| \geqslant \varepsilon\right\} \\ &= P\{|Y_n - EY_n| \geqslant \varepsilon\} \leqslant \frac{DY_n}{\varepsilon^2} \\ &= \frac{1}{n^2\varepsilon^2} D\left(\sum_{i=1}^{n} X_i\right) \to 0, \quad n \to \infty. \end{aligned}$$

16. X 是连续型随机变量, 其概率密度为 $f(x), -\infty < x < \infty$, 若 λ 为一正的常数, $Y = \mathrm{e}^{\lambda X}$, 证明对任意实数 $a, P\{X \geqslant a\} \leqslant \mathrm{e}^{-\lambda a} EY$.

证明　由 $\lambda > 0$, 知对任意实数 a, 有

$$EY = \int_{-\infty}^{\infty} e^{\lambda x} f(x) \mathrm{d}x$$
$$\geqslant \int_{a}^{\infty} e^{\lambda x} f(x) \mathrm{d}x \geqslant \int_{a}^{\infty} e^{\lambda a} f(x) \mathrm{d}x$$
$$= e^{\lambda a} P\{X \geqslant a\},$$

这就是要证明的.

17. 设 $X_1, X_2, \cdots$ 是独立同分布的随机变量列, 且 $E \mid X_1^k \mid < \infty$, k 为正整数, 证明 $\dfrac{1}{n} \sum\limits_{i=1}^{n} X_i^k \xrightarrow{P} E(X_1^k)$.

证明　本题要用辛钦 (Khintchine) 大数定律.

设 $X_1, X_2, \cdots$ 是独立同分布的随机变量列, 且 $EX_1 = a < \infty$, 则对任意 $\varepsilon > 0$, 有

$$\lim_{n \to \infty} P\left\{ \left| \frac{1}{n} \sum_{i=1}^{n} X_i - a \right| \geqslant \varepsilon \right\} = 0.$$

由于 $E|X_1^k| < \infty$, 故 $X_1^k, X_2^k, \cdots$ 满足辛钦大数定律的条件, 故

$$\lim_{n \to \infty} P\left\{ \left| \frac{1}{n} \sum_{i=1}^{n} X_i^k - E(X_1^k) \right| \geqslant \varepsilon \right\} = 0.$$

这就证明了 $\dfrac{1}{n} \sum\limits_{i=1}^{n} X_i^k \to E(X_1^k)$.

第5章　数理统计的基本概念

1. 设总体 $X \sim N(\mu, \sigma^2)$，其中 μ 已知，而 σ^2 未知，$(X_1, X_2, \cdots, X_n)$ 是总体 X 的一个样本，试问 $X_1 + X_2 + X_3$，$X_2 + 2\mu$，$\max(X_1, X_2, \cdots, X_n)$，$\sum\limits_{i=1}^{n} \dfrac{X_i^2}{\sigma^2}$，$\dfrac{X_3 - X_1}{2}$ 之中哪些是统计量？那些不是统计量？为什么？

解　由于 σ^2 是未知参数，故 $\sum\limits_{i=1}^{n} \dfrac{X_i^2}{\sigma^2}$ 不是统计量，其余均为统计量.

2. 在总体 $X \sim N(52, 6.3^2)$ 中，随机抽取一容量为 36 的样本，求样本均值 $\overline{X}$ 落在 50.8 到 53.8 之间的概率.

解　因总体 $X \sim N(52, 6.3^2)$，样本容量 $n = 36$，故 $\overline{X} \sim N\left(52, \dfrac{6.3^2}{36}\right)$，从而

$$
\begin{aligned}
P\{50.8 < \overline{X} < 53.8\} &= \Phi\left(\frac{53.8 - 52}{1.05}\right) - \Phi\left(\frac{50.8 - 52}{1.05}\right) \\
&= \Phi(1.71) - \Phi(-1.14) \\
&= \Phi(1.71) - 1 + \Phi(1.14) \\
&= 0.8293.
\end{aligned}
$$

3. 在总体 $X \sim N(80, 20^2)$ 中随机抽取一容量为 100 的样本，问样本均值与总体均值的差的绝对值大于 3 的概率是多少？

解　因总体 $X \sim N(80, 20^2)$，$n = 100$，故 $\overline{X} \sim N\left(80, \dfrac{20^2}{100}\right)$，即 $\overline{X} \sim N(80, 2^2)$，从而

$$
\begin{aligned}
P\{|\overline{X} - 80| > 3\} &= 1 - P\{|\overline{X} - 80| \leqslant 3\} \\
&= 1 - P\left\{-1.5 \leqslant \frac{\overline{X} - 80}{2} \leqslant 1.5\right\} \\
&= 1 - \Phi(1.5) + \Phi(-1.5) \\
&= 2(1 - \Phi(1.5)) \\
&= 0.1336.
\end{aligned}
$$

4. 设 $(X_1, X_2, \cdots, X_{10})$ 为总体 $X \sim N(0, 0.3^2)$ 的一个样本，求 $P\left\{\sum\limits_{i=1}^{10} X_i^2 > 1.44\right\}$.

解　由题设知 $\dfrac{1}{0.3^2} \sum\limits_{i=1}^{10} X_i^2 \sim \chi^2(10)$, 故

$$P\left\{\sum_{i=1}^{10} X_i^2 > 1.44\right\} = P\left\{\frac{1}{0.3^2} \sum_{i=1}^{10} X_i^2 > \frac{1.44}{0.3^2}\right\}$$

$$= P\left\{\frac{1}{0.3^2} \sum_{i=1}^{10} X_i^2 > 16\right\}$$

$$= 1 - P\left\{\frac{1}{0.3^2} \sum_{i=1}^{10} X_i^2 \leqslant 16\right\}$$

$$= 1 - 0.90$$

$$= 0.10.$$

5. 求总体 $X \sim N(20,3)$ 的容量分别为 10,15 的两独立样本平均值的差的绝对值大于 0.3 的概率.

解　把总体 X 的容量分别为 10, 15 的两独立样本的均值分别记为 $\overline{X}$ 和 $\overline{Y}$, 则 $\overline{X} \sim N\left(20, \dfrac{3}{10}\right), \overline{Y} \sim N\left(20, \dfrac{3}{15}\right)$, 从而

$$\overline{X} - \overline{Y} \sim N\left(20 - 20, \frac{3}{10} + \frac{3}{15}\right),$$

即 $\overline{X} - \overline{Y} \sim N\left(0, \dfrac{1}{2}\right)$, 故所求概率为

$$P\{|\overline{X} - \overline{Y}| > 0.3\} = 1 - P\{|\overline{X} - \overline{Y}| \leqslant 0.3\}$$

$$= 1 - \left[\Phi\left(\frac{0.3 - 0}{\sqrt{\frac{1}{2}}}\right) - \Phi\left(\frac{-0.3 - 0}{\sqrt{\frac{1}{2}}}\right)\right]$$

$$= 2 - 2\Phi(0.42)$$

$$= 0.6744.$$

6. 填空题

(i) 设总体 X 服从正态分布 $N(0, 2^2)$, 而 $X_1, X_2, \cdots, X_{15}$ 是来自总体 X 的简单随机样本, 则随机变量 $Y = \dfrac{X_1^2 + \cdots + X_{10}^2}{2(X_{11}^2 + \cdots + X_{15}^2)}$ 服从 _____ 分布, 自由度为_____.

(ii) 设总体 X 和 Y 服从同一正态分布 $N(0, 3^2)$, $X_1, X_2, \cdots, X_9$ 和 $Y_1, Y_2, \cdots, Y_9$ 是分别来自总体 X 和 Y 的独立样本, 则统计量

$$T = \frac{X_1 + X_2 + \cdots + X_9}{\sqrt{Y_1^2 + Y_2^2 + \cdots + Y_9^2}}$$

服从_____分布, 自由度为_____.

(iii) 设 X_1, X_2, X_3, X_4 是来自正态总体 $N(0, 2^2)$ 的样本, $X = a(X_1 - 2X_2)^2 + b(3X_3 - 4X_4)^2$, 则当 $a = $ ____, $b = $ _____ 时, 统计量 X 服从 χ^2 分布, 自由度为 _____.

答 (i) 服从 F 分布, 自由度为 (10,5).

分析 由于 $X_1, X_2, \ldots, X_{15}$ 相互独立, 服从同一正态分布 $N(0, 2^2)$, 因此 $\frac{1}{2} X_i \sim N(0,1), i = 1, 2, \ldots, 15$, 从而有

$$Q_1 = \frac{1}{4}(X_1^2 + \ldots + X_{10}^2) \sim \chi^2(10),$$

$$Q_2 = \frac{1}{4}(X_{11}^2 + \ldots + X_{15}^2) \sim \chi^2(5),$$

且 Q_1 与 Q_2 相互独立, 故由 F 分布定义可知

$$Y = \frac{X_1^2 + \ldots + X_{10}^2}{2(X_{11}^2 + \ldots + X_{15}^2)} = \frac{\dfrac{Q_1}{10}}{\dfrac{Q_2}{5}} \sim F(10, 5).$$

(ii) 服从 t 分布, 自由度为 9.

分析 由于 $\sum\limits_{i=1}^{9} X_i \sim N(0, 9^2)$, 则 $U = \frac{1}{9} \sum\limits_{i=1}^{9} X_i \sim N(0,1)$.

又由于 $\frac{Y_i}{3} \sim N(0,1), i = 1, 2, \ldots, 9$, 则 $Q = \frac{1}{9} \sum\limits_{i=1}^{9} X_i^2 \sim \chi^2(9)$.

由 $X_1, X_2, \ldots, X_9$ 与 $Y_1, Y_2, \ldots, Y_9$ 相互独立, 可得 U 与 Q 相互独立, 故根据 t 分布的定义可知

$$T = \frac{X_1 + X_2 + \ldots + X_9}{\sqrt{Y_1^2 + Y_2^2 + \ldots + Y_9^2}} = \frac{\dfrac{1}{9}(X_1 + X_2 + \ldots + X_9)}{\sqrt{\dfrac{1}{9^2}(Y_1^2 + Y_2^2 + \ldots + Y_9^2)}} = \frac{U}{\sqrt{\dfrac{Q}{9}}} \sim t(9).$$

(iii) $a = \frac{1}{20}, b = \frac{1}{100}$, 自由度为 2.

分析　因独立正态变量的线性组合仍服从正态分布, X_1, X_2, X_3, X_4 相互独立且服从正态分布 $N(0, 2^2)$, $E(X_1 - 2X_2) = 0$, $D(X_1 - 2X_2) = 20$, $E(3X_3 - 4X_4) = 0$, $D(3X_3 - 4X_4) = 100$, 所以

$$X_1 - 2X_2 \sim N(0, 20), \quad \frac{1}{\sqrt{20}}(X_1 - 2X_2) \sim N(0, 1),$$

$$3X_3 - 4X_4 \sim N(0, 100), \quad \frac{1}{\sqrt{100}}(3X_3 - 4X_4) \sim N(0, 1),$$

且 $X_1 - 2X_2$ 与 $3X_3 - 4X_4$ 相互独立, 故由 χ^2 分布的定义可知

$$\frac{1}{20}(X_1 - 2X_2)^2 + \frac{1}{100}(3X_3 - 4X_4)^2 \sim \chi^2(2).$$

7. 选择题

(i) 设 $X_1, X_2, \cdots, X_n$ 是来自正态总体 $N(\mu, \sigma^2)$ 的样本, $\overline{X}$ 是样本均值, 记

$$S_1^2 = \frac{1}{n-1} \sum_{i=1}^{n} (X_i - \overline{X})^2, \quad S_2^2 = \frac{1}{n} \sum_{i=1}^{n} (X_i - \overline{X})^2,$$

$$S_3^2 = \frac{1}{n-1} \sum_{i=1}^{n} (X_i - \mu)^2, \quad S_4^2 = \frac{1}{n} \sum_{i=1}^{n} (X_i - \mu)^2,$$

则服从自由度为 $n - 1$ 的 t 分布的随机变量是 (　　).

(A) $T = \dfrac{\overline{X} - \mu}{S_1/\sqrt{n-1}}$;　　　　　　　　(B) $T = \dfrac{\overline{X} - \mu}{S_2/\sqrt{n-1}}$;

(C) $T = \dfrac{\overline{X} - \mu}{S_3/\sqrt{n}}$;　　　　　　　　(D) $T = \dfrac{\overline{X} - \mu}{S_4/\sqrt{n}}$.

(ii) 设 $X \sim N(0, \sigma^2)$, $X_1, X_2, \cdots, X_9$ 是来自总体 X 的样本, 则服从 F 分布的统计量是 (　　).

(A) $F = \dfrac{X_1^2 + X_2^2 + X_3^2}{X_4^2 + X_5^2 + \cdots + X_9^2}$;　　　(B) $F = \dfrac{X_1^2 + X_2^2 + X_3^2 + X_4^2}{X_5^2 + X_6^2 + X_7^2}$;

(C) $F = \dfrac{X_1^2 + X_2^2 + X_3^2}{2(X_4^2 + X_5^2 + \cdots + X_9^2)}$;　　(D) $F = \dfrac{2(X_1^2 + X_2^2 + X_3^2)}{X_4^2 + X_5^2 + \cdots + X_9^2}$.

(iii) 设随机变量 $X \sim N(0, 1)$, $Y \sim N(0, 1)$, 则下列结论正确的是 (　　).

(A) $X + Y$ 服从正态分布;　　　　　　(B) $X^2 + Y^2$ 服从 χ^2 分布;

(C) X^2/Y^2 服从 F 分布;　　　　　　(D) X^2 和 Y^2 均服从 χ^2 分布.

答　(i) (B).

分析　因 $U = \dfrac{\overline{X} - \mu}{\dfrac{\sigma}{\sqrt{n}}} \sim N(0, 1)$, $Q = \dfrac{1}{\sigma^2} \sum_{i=1}^{n} (X_i - \overline{X})^2 \sim \chi^2(n - 1)$, 且由正态

总体的样本均值与样本方差相互独立知, U 与 Q 相互独立, 故由 t 分布的定义知

$$T = \frac{U}{\sqrt{\dfrac{Q}{n-1}}} = \frac{\dfrac{\overline{X}-\mu}{\dfrac{\sigma}{\sqrt{n}}}}{\sqrt{\dfrac{1}{\sigma^2(n-1)}\displaystyle\sum_{i=1}^{n}(X_i-\overline{X}^2)}}$$

$$= \frac{\overline{X}-\mu}{\sqrt{\dfrac{\dfrac{1}{n}\displaystyle\sum_{i=1}^{n}(X_i-\overline{X})^2}{n-1}}}$$

$$= \frac{\overline{X}-\mu}{\dfrac{S_2}{\sqrt{n-1}}} \sim t(n-1).$$

(2) (D).

分析　因为 $\dfrac{X_i}{\sigma} \sim N(0,1), i=1,2,\ldots,9,$ 所以

$$Q_1 = \frac{1}{\sigma^2}(X_1^2 + X_2^2 + X_3^2) \sim \chi^2(3),$$
$$Q_2 = \frac{1}{\sigma^2}(X_4^2 + X_5^2 + \ldots + X_9^2) \sim \chi^2(6),$$

且由题意可知 Q_1 与 Q_2 相互独立, 故由 F 分布的定义有

$$F = \frac{\dfrac{Q_1}{3}}{\dfrac{Q_2}{6}} = \frac{\dfrac{1}{3\sigma^2}(X_1^2+X_2^2+X_3^2)}{\dfrac{1}{6\sigma^2}(X_4^2+X_5^2+\ldots+X_9^2)} = \frac{2(X_1^2+X_2^2+X_3^2)}{X_4^2+X_5^2+\ldots+X_9^2} \sim F(3,6).$$

(3) (D).

分析　因标准正态变量的平方服从自由度为 1 的 χ^2 分布. 只有 X,Y 相互独立时选项 (A),(B),(C) 才成立.

8. 试证

(i) $\displaystyle\sum_{i=1}^{n}(x_i-\overline{x})^2 = \sum_{i=1}^{n}(x_i-a)^2 - n(\overline{x}-a)^2$, 对任意实数 a 成立;

(ii) $\displaystyle\sum_{i=1}^{n}(x_i-\overline{x})^2 = \sum_{i=1}^{n}x_i^2 - n\overline{x}^2$.(提示: 用 (i) 结果.)

证明　(i) 因为

$$\sum_{i=1}^{n}(x_i - a)^2 = \sum_{i=1}^{n}[(x_i - \overline{x}) + (\overline{x} - a)]^2$$

$$= \sum_{i=1}^{n}(x_i - \overline{x})^2 + 2\sum_{i=1}^{n}(x_i - \overline{x})(\overline{x} - a) + \sum_{i=1}^{n}(\overline{x} - a)^2$$

$$= \sum_{i=1}^{n}(x_i - \overline{x})^2 + 2(\overline{x} - a)\left(\sum_{i=1}^{n}x_i - \sum_{i=1}^{n}\overline{x}\right) + n(\overline{x} - a)^2$$

$$= \sum_{i=1}^{n}(x_i - \overline{x})^2 + n(\overline{x} - a)^2,$$

所以

$$\sum_{i=1}^{n}(x_i - \overline{x})^2 = \sum_{i=1}^{n}(x_i - a)^2 - n(\overline{x} - a)^2.$$

(ii) 上式令 $a = 0$ 即得

$$\sum_{i=1}^{n}(x_i - \overline{x})^2 = \sum_{i=1}^{n}x_i^2 - n\overline{x}^2.$$

9. 从正态总体 $X \sim N(a, \sigma^2)$ 中抽取容量 $n = 20$ 的样本 $(X_1, X_2, \cdots, X_{20})$, 求概率

(i) $P\left\{0.62\sigma^2 \leqslant \dfrac{1}{n}\sum_{i=1}^{n}(X_i - a)^2 \leqslant 2\sigma^2\right\}$;

(ii) $P\left\{0.4\sigma^2 \leqslant \dfrac{1}{n}\sum_{i=1}^{n}(X_i - \overline{X})^2 \leqslant 2\sigma^2\right\}$.

解　(i)

$$P\left\{0.62\sigma^2 \leqslant \frac{1}{n}\sum_{i=1}^{n}(X_i - a)^2 \leqslant 2\sigma^2\right\}$$

$$= P\left\{20 \times 0.62 \leqslant \frac{1}{\sigma^2}\sum_{i=1}^{20}(X_i - a)^2 \leqslant 40\right\}$$

$$= P\left\{12.4 \leqslant \frac{1}{\sigma^2}\sum_{i=1}^{n}(X_i - a)^2 \leqslant 40\right\},$$

因为 $\dfrac{1}{\sigma^2}\displaystyle\sum_{i=1}^{20}(X_i-a)^2\sim\chi^2(20)$, 记 $Q_1=\dfrac{1}{\sigma^2}\displaystyle\sum_{i=1}^{20}(X_i-a)^2$, 则

$$\begin{aligned}
上式 &= P\{12.4\leqslant Q_1\leqslant 40\}\\
&= P\{Q_1\leqslant 40\}-P\{Q_1\leqslant 12.4\}\\
&= 0.995-0.10\\
&= 0.895.
\end{aligned}$$

(ii) $\qquad P\{0.4\sigma^2\leqslant\dfrac{1}{n}\displaystyle\sum_{i=1}^{n}(X_i-\overline{X}^2)\leqslant 2\sigma^2\}=P\left\{8\leqslant\dfrac{1}{\sigma^2}\displaystyle\sum_{i=1}^{20}(X_i-\overline{X})^2\leqslant 40\right\}.$

由于 $Q_2=\dfrac{1}{\sigma^2}\displaystyle\sum_{i=1}^{20}(X_i-\overline{X})^2\sim\chi^2(19)$, 则

$$\begin{aligned}
上式 &= P\{8\leqslant Q_2\leqslant 40\}=P\{Q_2\leqslant 40\}-P\{Q_2\leqslant 8\}\\
&= 0.995-0.01=0.985.
\end{aligned}$$

10. 设总体 X 服从泊松分布 $P(\lambda)$, $(X_1,X_2,\cdots,X_n)$ 是其样本,$\overline{X},S^2$ 为样本均值与样本方差, 求 $D(\overline{X})$, $E(S^2)$.

解 $\qquad\qquad D(\overline{X})=D\left(\dfrac{1}{n}\displaystyle\sum_{i=1}^{n}X_i\right)=\dfrac{1}{n^2}\displaystyle\sum_{i=1}^{n}D(X_i)=\dfrac{\lambda}{n},$

$$E(S^2)=E\left[\dfrac{1}{n-1}\sum_{i=1}^{n}\left(X_i-\overline{X}\right)\right]=\dfrac{1}{n-1}E\left(\sum_{i=1}^{n}X_i^2-n\overline{X}^2\right),$$

而

$$\begin{aligned}
E\left(\sum_{i=1}^{n}X_i^2-n\overline{X}^2\right) &= \sum_{i=1}^{n}EX_i^2-nE\overline{X}^2\\
&= \sum_{i=1}^{n}[DX_i+(EX_i)^2]-n[D\overline{X}+(E\overline{X})^2]\\
&= \sum_{i=1}^{n}(\lambda+\lambda^2)-n(\dfrac{\lambda}{n}+\lambda^2)\\
&= n\lambda+n\lambda^2-\lambda-n\lambda^2\\
&= (n-1)\lambda,
\end{aligned}$$

因此

$$E(S^2)=\lambda.$$

11. 设 $X \sim N(0,1), Y \sim \chi^2(n)$, X 与 Y 相互独立, 又 $t = \dfrac{X}{\sqrt{Y/n}}$, 证明 $t^2 \sim F(1, n)$.

证明 因 $t = \dfrac{X}{\sqrt{\dfrac{Y}{n}}}$, 所以 $t^2 = \dfrac{X^2}{\dfrac{Y}{n}}$.

又因 $X \sim N(0,1)$, 则 $X^2 \sim \chi^2(1)$. 又 $Y \sim \chi^2(n)$, 且 X 与 Y 相互独立, 从而 X^2 与 Y^2 相互独立, 故由 F 分布的定义知

$$t^2 = \frac{X^2}{\dfrac{Y}{n}} \sim F(1, n).$$

12. 记 $t_p(n), F_p(m,n)$ 分别为 $t \sim t(n)$ 分布和 $F \sim F(m,n)$ 分布的 p 分位点, 证明 $[t_{1-\frac{\alpha}{2}}(n)]^2 = F_{1-\alpha}(1, n)$, 并用 $\alpha = 0.05, n = 10$ 验证之.

证明 由 t 分布 p 分位点的定义知

$$P\left\{ |t| \leqslant t_{1-\frac{\alpha}{2}}(n) \right\} = 1 - \alpha.$$

从而有

$$P\{ t^2 \leqslant t_{1-\frac{\alpha}{2}}^2(n) \} = 1 - \alpha.$$

又由 11 题知 $t^2 \sim F(1, n)$, 则

$$P\{ t^2 \leqslant F_{1-\alpha}(1, n) \} = 1 - \alpha.$$

故得

$$t_{1-\frac{\alpha}{2}}^2(n) = F_{1-\alpha}(1, n).$$

当 $\alpha = 0.05, n = 10$ 时, $t_{1-\frac{\alpha}{2}} = t_{0.975}(10) = 2.228$, $[t_{1-\frac{\alpha}{2}}(n)]^2 \doteq 4.96$, $F_{1-\alpha}(1, n) = F_{0.95}(1, 10) = 4.96$, 则 $[t_{1-\frac{\alpha}{2}}(n)]^2 = F_{1-\alpha}(1, n)$.

13. 设 $X \sim N(0, \sigma^2)$, 从总体 X 中抽取样本 $X_1, X_2, \cdots, X_9$, 试确定 σ 的值, 使得 $P\{1 < \overline{X} < 3\}$ 为最大, 其中 $\overline{X} = \dfrac{1}{9}\sum\limits_{i=1}^{9} X_i$.

解 因 $\overline{X} \sim N\left(0, \dfrac{\sigma^2}{9}\right)$, 所以

$$p(\sigma) = P\{1 < \overline{X} < 3\} = \Phi\left(\frac{3}{\dfrac{\sigma}{3}}\right) - \Phi\left(\frac{1}{\dfrac{\sigma}{3}}\right)$$

$$= \Phi\left(\frac{9}{\sigma}\right) - \Phi\left(\frac{3}{\sigma}\right),$$

$$p'(\sigma) = \varnothing\left(\frac{9}{\sigma}\right)\left(-\frac{9}{\sigma^2}\right) - \varnothing\left(\frac{3}{\sigma}\right)\left(-\frac{3}{\sigma^2}\right)$$

$$= -\frac{9}{\sqrt{2\pi}\sigma^2}\mathrm{e}^{-\frac{81}{2\sigma^2}} + \frac{3}{\sqrt{2\pi}\sigma^2}\mathrm{e}^{-\frac{9}{2\sigma^2}}$$

$$= \frac{3}{\sqrt{2\pi}\sigma^2}\mathrm{e}^{-\frac{9}{2\sigma^2}}\left(1 - 3\mathrm{e}^{-\frac{36}{\sigma^2}}\right).$$

令 $p'(\sigma) = 0$, 得 $\mathrm{e}^{-\frac{36}{\sigma^2}} = \frac{1}{3}$. 解得 $\sigma = \frac{6}{\sqrt{\ln 3}}$.

由于当 $\sigma < \frac{6}{\sqrt{\ln 3}}$ 时, $p'(\sigma) > 0$, 而当 $\sigma > \frac{6}{\sqrt{\ln 3}}$ 时, $p'(\sigma) < 0$, 因此当 $\sigma = \frac{6}{\sqrt{\ln 3}}$ 时, $p(\sigma) = P\{1 < \overline{X} < 3\}$ 为最大.

14. 设 $X \sim N(\mu, \sigma^2)$, 从总体 X 中抽取样本 $X_1, X_2, \cdots, X_n, X_{n+1}$, 记 $\overline{X}_n = \frac{1}{n}\sum_{i=1}^{n}X_i, S_n^2 = \frac{1}{n-1}\sum_{i=1}^{n}(X_i - \overline{X}_n)^2, S_n = \sqrt{S_n^2}$, 试证明

$$\sqrt{\frac{n}{n+1}} \cdot \frac{X_{n+1} - \overline{X}_n}{S_n} \sim t(n-1).$$

证明　由题意知 X_{n+1} 与 $\overline{X}_n$ 相互独立, 且 $X_{n+1} \sim N(\mu, \sigma^2)$, $\overline{X}_n \sim N\left(\mu, \frac{\sigma^2}{n}\right)$, 因此

$$X_{n+1} - \overline{X}_n \sim N\left(0, \sigma^2 + \frac{\sigma^2}{n}\right),$$

从而

$$U = \frac{X_{n+1} - \overline{X}_n}{\sqrt{\frac{n+1}{n}}\sigma} \sim N(0, 1).$$

又

$$Q = \frac{(n-1)S_n^2}{\sigma^2} \sim \chi^2(n-1).$$

由于 $\overline{X}_n, S_n^2, X_{n+1}$ 相互独立, 因此 $X_{n+1} - \overline{X}_n$ 与 S_n^2 相互独立, 从而 U 与 Q 相互独立, 故由 t 分布的定义可知

$$\frac{U}{\sqrt{\frac{Q}{n-1}}} = \frac{\dfrac{X_{n+1} - \overline{X}_n}{\sqrt{\frac{n+1}{n}}\sigma}}{\sqrt{\dfrac{(n-1)S_n^2}{\sigma^2(n-1)}}} = \sqrt{\frac{n}{n+1}}\frac{X_{n+1} - \overline{X}_n}{S_n} \sim t(n-1).$$

第6章 参 数 估 计

1. 填空题

(i) 设总体 X 的概率密度函数为

$$f(x;\theta) = \begin{cases} \theta x^{\theta-1}, & 0 < x < 1, \\ 0, & \text{其他}, \end{cases}$$

其中 $\theta > 0$ 是未知参数, 从总体 X 中抽取样本 $X_1, X_2, \cdots, X_n$, 样本均值为 $\overline{X}$, 则未知参数 θ 的矩估计量 $\widehat{\theta} = $ _____ .

(ii) 设 $X \sim B(m,p)$, 其中 $p\,(0 < p < 1)$ 为未知参数, 从总体 X 中抽取样本 $X_1, X_2, \cdots, X_n$, 样本均值为 $\overline{X}$, 则未知参数 p 的矩估计量 $\widehat{p} = $ _____ .

(iii) 设 $\widehat{\theta}_i = \widehat{\theta}_i(X_1, X_2, \cdots, X_n)\,(i = 1, 2, \cdots, k)$ 均为总体 X 的分布中未知参数 θ 的无偏估计量, 如果 $\widehat{\theta} = \sum_{i=1}^{k} c_i \widehat{\theta}_i$ 是 θ 的无偏估计量, 则常数 $c_1, \cdots, c_k$ 应满足条件 _____ .

答 (i) $\hat{\theta} = \dfrac{\overline{X}}{1 - \overline{X}}$.

(ii) $\hat{p} = \dfrac{\overline{X}}{m}$.

分析 $E(X) = mp$, 令 $m\hat{p} = \overline{X}$, 则 $\hat{p} = \dfrac{\overline{X}}{m}$.

(iii) 应满足条件 $\sum_{i=1}^{k} c_i = 1$.

2. 选择题

(i) 设 $X_1, X_2, \cdots, X_n$ 是总体 $X \sim N(0, \sigma^2)$ 的样本, 则未知参数 σ^2 的无偏估计量为 (   ).

(A) $\widehat{\sigma^2} = \dfrac{1}{n-1} \sum_{i=1}^{n} X_i^2$; (B) $\widehat{\sigma^2} = \dfrac{1}{n} \sum_{i=1}^{n} X_i^2$;

(C) $\widehat{\sigma^2} = \dfrac{1}{n+1} \sum_{i=1}^{n} X_i^2$; (D) $\widehat{\sigma^2} = \dfrac{1}{n} \sum_{i=1}^{n} (X_i - \overline{X})^2$.

(ii) 设 $X \sim N(\mu, \sigma^2)$, 其中 μ 已知, $\sigma^2 \neq 0$ 为未知参数, $X_1, X_2, \cdots, X_n$ 是来自总体 X 的样本, 样本均值为 $\overline{X}$, 则 σ^2 的极大似然估计量为 (   ).

$$(A)\ \widehat{\sigma^2} = \frac{1}{n-1}\sum_{i=1}^{n}(X_i - \overline{X})^2; \qquad (B)\ \widehat{\sigma^2} = \frac{1}{n}\sum_{i=1}^{n}(X_i - \overline{X})^2;$$

$$(C)\ \widehat{\sigma^2} = \frac{1}{n-1}\sum_{i=1}^{n}(X_i - \mu)^2; \qquad (D)\ \widehat{\sigma^2} = \frac{1}{n}\sum_{i=1}^{n}(X_i - \mu)^2.$$

答　(i) (B)，　(ii) (D).

3. 设总体 X 具有分布律

X	1	2	3
p_k	θ^2	$2\theta(1-\theta)$	$(1-\theta)^2$

其中 $\theta(0 < \theta < 1)$ 为未知参数. 已知取得了样本观测值 $x_1 = 1, x_2 = 2, x_3 = 1$, 求 θ 的矩估计值和极大似然估计值.

解　(1)　$E(X) = \theta^2 + 2 \cdot 2\theta(1-\theta) + 3 \cdot (1-\theta)^2 = 3 - 2\theta.$

令　$3 - 2\hat{\theta} = \overline{X}$, 解得 $\hat{\theta} = \frac{1}{2}(3 - \overline{X}).$

由题设 $\overline{x} = \frac{1}{3}(x_1 + x_2 + x_3) = \frac{1}{3}(1 + 2 + 1) = \frac{4}{3}$, 故 θ 的矩估计值为 $\hat{\theta} = \frac{1}{2}\left(3 - \frac{4}{3}\right) = \frac{5}{6}.$

(2) 由给定的样本值, 得似然函数为

$$\begin{aligned}
L &= \prod_{i=1}^{3} P\{X_i = x_i\} \\
&= P\{X_1 = x_1\}P\{X_2 = x_2\}P\{X_3 = x_3\} \\
&= P\{X_1 = 1\}P\{X_2 = 2\}P\{X_3 = 1\} \\
&= \theta^2 \cdot 2\theta(1-\theta) \cdot \theta^2 \\
&= 2\theta^5(1-\theta),
\end{aligned}$$

$$\ln L = \ln 2 + 5\ln\theta + \ln(1-\theta).$$

令 $\dfrac{\mathrm{d}\ln L}{\mathrm{d}\theta} = \dfrac{5}{\theta} - \dfrac{1}{1-\theta} = 0$, 得 θ 的极大似然估计值为 $\hat{\theta} = \dfrac{5}{6}.$

4. 一地质学家为研究密歇根湖湖滩地区的岩石成分, 随机地自该地区取 100 个样品, 每个样品有 10 块石子, 记录了每个样品中属石灰石的石子数. 假设这 100 次观察相互独立, 并且由过去经验知, 它们都服从参数为 $n = 10, p$ 的二项分布, p 是这地区一块石子是石灰石的概率. 求 p 的极大似然估计值. 该地质学家所得的数据如下:

样品中属石灰石的石子数	0	1	2	3	4	5	6	7	8	9	10
观察到石灰石的样品个数	0	1	6	7	23	26	21	12	3	1	0

解 设 X 为一个样品中属石灰石的石子数, 则 $X \sim B(10, p)$. 又设 $(x_1, x_2, \ldots, x_n)$ 为 X 的一组样本观测值, 则似然函数为

$$L = L(x_1, \ldots, x_n; p) = \prod_{i=1}^{n} C_{10}^{x_i} p^{x_i} (1-p)^{10-x_i} = \left(\prod_{i=1}^{n} C_{10}^{x_i}\right) p^{\sum\limits_i x_i} (1-p)^{10n - \sum\limits_i x_i},$$

$$\ln L = \ln\left(\prod_{i=1}^{n} C_{10}^{x_i}\right) + \left(\sum_i x_i\right)\ln p + \left(10n - \sum_i x_i\right)\ln(1-p),$$

$$\frac{\mathrm{d}\ln L}{\mathrm{d}p} = \frac{1}{p}\sum_i x_i - \frac{1}{1-p}\left(10n - \sum_i x_i\right).$$

令 $\dfrac{\mathrm{d}\ln L}{\mathrm{d}p} = 0$, 解得 $\hat{p} = \dfrac{1}{10n}\sum_i x_i = \dfrac{1}{10}\bar{x}$.

由所给数据可得

$$\bar{x} = \frac{1}{100}[0 \cdot 0 + 1 \cdot 1 + 2 \cdot 6 + 3 \cdot 7 + 4 \cdot 23 + 5 \cdot 26 + 6 \cdot 21 + 7 \cdot 12 + 8 \cdot 3 + 9 \cdot 1 + 10 \cdot 0]$$
$$= 4.99,$$

从而得 $\hat{p} = \dfrac{4.99}{10} = 0.499$.

5. 给定一个容量为 n 的样本 $(X_1, X_2, \cdots, X_n)$, 试用极大似然估计法估计总体的未知参数 θ, 设总体的密度函数为

(i) $f(x; \theta) = \begin{cases} \theta x^{\theta-1}, & 0 \leqslant x \leqslant 1; \\ 0, & \text{其他}. \end{cases}$

(ii) $f(x; \theta) = \begin{cases} (\theta\alpha) x^{\alpha-1} \mathrm{e}^{-\theta x^\alpha}, & x > 0; \\ 0, & \text{其他}. \end{cases}$ (α 已知)

(iii) $f(x; \theta) = \begin{cases} \dfrac{1}{\theta} \mathrm{e}^{-\frac{x}{\theta}}, & x > 0; \\ 0, & x \leqslant 0. \end{cases}$

解 (i) 似然函数为

$$L = \prod_{i=1}^{n} f(x_i; \theta) = \theta^n (x_1 x_2 \ldots x_n)^{\theta-1},$$

$$\ln L = n\ln\theta + (\theta-1)\sum_{i=1}^{n}\ln x_i,$$

$$\frac{\mathrm{d}\ln L}{\mathrm{d}\theta} = \frac{n}{\theta} + \sum_{i=1}^{n} \ln x_i,$$

令 $\dfrac{\mathrm{d}\ln L}{\mathrm{d}\theta} = 0$, 解得 $\theta = -\dfrac{n}{\displaystyle\sum_{i=1}^{n} \ln x_i}$, 故 θ 的极大似然估计为

$$\hat{\theta} = -\frac{n}{\displaystyle\sum_{i=1}^{n} \ln X_i}.$$

(ii) 似然函数为

$$L = \prod_{i=1}^{n} f(x_i; \theta) = (\theta\alpha)^n \left(\prod_{i=1}^{n} x_i\right)^{\alpha-1} \cdot \mathrm{e}^{-\theta \sum_i x_i^{\alpha}},$$

$$\ln L = n \ln(\theta\alpha) + (\alpha - 1) \ln \prod_{i=1}^{n} x_i - \theta \sum_i x_i^{\alpha},$$

$$\frac{\mathrm{d}\ln L}{\mathrm{d}\theta} = \frac{n}{\theta} - \sum_i x_i^{\alpha},$$

令 $\dfrac{\mathrm{d}\ln L}{\mathrm{d}\theta} = 0$, 解得 $\theta = \dfrac{n}{\displaystyle\sum_{i=1}^{n} x_i^{\alpha}}.$

故 θ 的极大似然估计为 $\hat{\theta} = \dfrac{n}{\displaystyle\sum_{i=1}^{n} X_i^{\alpha}}.$

(iii) 似然函数为

$$L = \prod_{i=1}^{n} f(x_i; \theta) = \prod_{i=1}^{n} \frac{1}{\theta} \mathrm{e}^{-\frac{x_i}{\theta}} = \theta^{-n} \cdot \mathrm{e}^{-\frac{1}{\theta} \sum_i x_i},$$

$$\ln L = -n \ln \theta - \frac{1}{\theta} \sum_i x_i,$$

$$\frac{\mathrm{d}\ln L}{\mathrm{d}\theta} = \frac{-n}{\theta} + \frac{1}{\theta^2} \sum_i x_i,$$

令 $\dfrac{\mathrm{d}\ln L}{\mathrm{d}\theta} = 0$, 解得 $\theta = \dfrac{1}{n}\displaystyle\sum_{i=1}^{n} x_i = \overline{x}$, 故 θ 的极大似然估计为 $\hat{\theta} = \overline{X}$.

6. 给出一个来自均匀分布总体 $f(x, \beta) = \dfrac{1}{\beta}$, $0 \leqslant x \leqslant \beta$, 容量为 n 的样本 $(X_1, X_2, \cdots, X_n)$, 求

(i) 参数 β 的极大似然估计量;

(ii) 总体均值的极大似然估计量;

(iii) 总体方差的极大似然估计量.

解   (i) 似然函数为

$$L = \prod_{i=1}^{n} f(x_i, \beta) = \prod_{i=1}^{n} \frac{1}{\beta} = \frac{1}{\beta^n}, \quad \beta \geqslant \max\{x_i\},$$

由于似然函数 L 是 β 的单调递减函数, 要使 L 达到最大, 就要使 β 达到最小, 而 $\beta \geqslant \max\{x_i\}$, 故 L 在 $\beta = \max\{X_i\}$ 处取得最大值, 从而 β 的极大似然估计量为 $\hat{\beta} = \max\limits_{1\leqslant i\leqslant n}\{X_i\}$.

(ii) 总体均值为 $\mu = E(X) = \frac{1}{2}\beta$, 显然 $\mu = \frac{1}{2}\beta$ 具有单值反函数 $\beta = 2\mu$, 故总体均值的极大似然估计量为

$$\hat{\mu} = \frac{1}{2}\hat{\beta} = \frac{1}{2}\max_{1\leqslant i\leqslant n}\{X_i\}.$$

(iii) 总体方差为 $\sigma^2 = D(X) = \frac{1}{12}\beta^2$, $\sigma^2 = \frac{1}{12}\beta^2$ 有单值反函数 $\beta = \sqrt{12\sigma^2}(\sigma > 0)$, 故总体方差的极大似然估计量为 $\widehat{\sigma^2} = \frac{1}{12}\widehat{\beta}^2 = \frac{1}{12}\left[\max_{1\leqslant i\leqslant n}\{X_i\}\right]^2$.

7. 设总体 X 服从二项分布 $B(m,p)$, 其中 m 为已知数, 如果取得样本观测值 $x_1, x_2, \cdots, x_n$, 求参数 p 的极大似然估计值.

解   似然函数为

$$L = \prod_{i=1}^{n} \mathrm{C}_m^{x_i} p^{x_i}(1-p)^{m-x_i} = \left(\prod_{i=1}^{n}\mathrm{C}_m^{x_i}\right) p^{\sum\limits_i x_i}(1-p)^{nm-\sum\limits_i x_i},$$

$$\ln L = \ln\left(\prod_{i=1}^{n}\mathrm{C}_m^{x_i}\right) + \left(\sum_i x_i\right)\ln p + \left(nm - \sum_i x_i\right)\ln(1-p),$$

$$\frac{\mathrm{d}\ln L}{\mathrm{d}p} = \frac{1}{p}\sum_i x_i - \frac{1}{1-p}\left(nm - \sum_i x_i\right),$$

令 $\dfrac{\mathrm{d}\ln L}{\mathrm{d}p} = 0$, 解得 $p = \dfrac{1}{nm}\sum_i x_i = \dfrac{1}{m}\overline{x}$. 故 p 的极大似然估计值为 $\hat{p} = \dfrac{1}{m}\overline{x}$.

8. 设总体密度函数为 $f(x;\theta) = (\theta + 1)x^\theta$, $0 \leqslant x \leqslant 1$, 求参数 θ 的极大似然估计量, 并再用矩估计法估计 θ.

解 似然函数为

$$L = \prod_{i=1}^{n} (\theta + 1)x_i^{\theta} = (\theta + 1)^n \prod_{i=1}^{n} x_i^{\theta},$$

$$\ln L = n \ln(\theta + 1) + \theta \sum_{i=1}^{n} \ln x_i,$$

$$\frac{\mathrm{d} \ln L}{\mathrm{d}\theta} = \frac{n}{\theta + 1} + \sum_i \ln x_i,$$

令 $\dfrac{\mathrm{d} \ln L}{\mathrm{d}\theta} = 0$, 解得

$$\theta = -\frac{n}{\displaystyle\sum_{i=1}^{n} \ln x_i} - 1 = \frac{1}{\dfrac{1}{n}\displaystyle\sum_{i=1}^{n} \ln x_i^{-1}} - 1,$$

故 θ 的极大似然估计量为

$$\hat{\theta} = \frac{1}{\dfrac{1}{n}\displaystyle\sum_{i=1}^{n} \ln X_i^{-1}} - 1.$$

下面用矩估计法估计 θ. 总体的均值为

$$E(X) = \int_0^1 x(\theta + 1)x^{\theta}\mathrm{d}x = \frac{\theta + 1}{\theta + 2},$$

令 $\dfrac{\theta + 1}{\theta + 2} = \overline{X}$, 解得 $\hat{\theta} = \dfrac{1}{1 - \overline{X}} - 2$, 即为 θ 的矩估计.

9. 设 $(X_1, X_2, \cdots, X_n)$ 为总体 X 的样本, 欲使

$$\widehat{\sigma^2} = k \cdot \sum_{i=1}^{n-1} (X_{i+1} - X_i)^2$$

为总体方差 $D(X) = \sigma^2$ 的无偏估计, 问 k 应取什么值?

解 欲使 $\widehat{\sigma^2}$ 为 σ^2 的无偏估计, 必须 $E(\widehat{\sigma^2}) = \sigma^2$. 记 $E(X) = \mu$, 由于

$$
\begin{aligned}
E(\widehat{\sigma^2}) &= E\left[k \sum_{i=1}^{n-1}(X_{i+1} - X_i)^2\right] \\
&= k \sum_{i=1}^{n-1} E[(X_{i+1} - \mu) - (X_i - \mu)]^2 \\
&= k \sum_{i=1}^{n-1} \left\{ E(X_{i+1} - \mu)^2 - 2E\left[(X_{i+1} - \mu)(X_i - \mu)\right] + E(X_i - \mu)^2 \right\} \\
&= k \sum_{i=1}^{n-1} (\sigma^2 + \sigma^2) = 2k(n-1)\sigma^2,
\end{aligned}
$$

令 $2k(n-1)\sigma^2 = \sigma^2$, 则解得 $k = \dfrac{1}{2(n-1)}$.

10. 设 $\hat{\theta}$ 是参数 θ 的无偏估计, 且有 $D(\hat{\theta}) > 0$, 试证 $\widehat{\theta^2} = (\hat{\theta})^2$ 不是 θ^2 的无偏估计.

证明　由题设 $E(\hat{\theta}) = \theta$, 及 $D(\hat{\theta}) > 0$, 则有

$$
\begin{aligned}
D(\hat{\theta}) &= E(\hat{\theta} - \theta)^2 = E(\hat{\theta}^2 - 2\theta\hat{\theta} + \theta^2) \\
&= E(\hat{\theta}^2) - 2\theta E(\hat{\theta}) + \theta^2 = E(\hat{\theta}^2) - 2\theta^2 + \theta^2 \\
&= E(\hat{\theta}^2 - \theta^2) > 0,
\end{aligned}
$$

从而有 $E(\widehat{\theta^2}) > \theta^2$, 故 $\widehat{\theta^2} = (\hat{\theta})^2$ 不是 θ^2 的无偏估计.

11. 若总体均值 μ 与总体方差都存在, 试证样本均值 $\overline{X}$ 是 μ 的一致估计.

证明　由题设知总体均值 μ 和总体方差都存在, 对总体 $X, E(X) = \mu$, 记 $D(X) = \sigma^2$, 并设 $X_1, X_2, \ldots, X_n$ 是总体 X 的样本, 则 $X_1, X_2, \ldots, X_n$ 相互独立且与总体 X 同分布, $E(X_i) = \mu$, 记 $D(X_i) = \sigma^2$, 故由切比雪夫大数定律知, 对任意 $\varepsilon > 0$, 恒有

$$
\lim_{n \to \infty} P\left\{ \left| \frac{1}{n} \sum_{i=1}^{n} X_i - \mu \right| \geqslant \varepsilon \right\} = 0,
$$

即 $\lim\limits_{n \to \infty} P\left\{ |\overline{X} - \mu| \geqslant \varepsilon \right\} = 0$, 所以 $\overline{X}$ 是 μ 的一致估计.

12. 设 $(X_1, X_2, \cdots, X_n)$ 是均值为 μ(已知) 的正态总体的一个样本, 试用极大似然估计法去求参数 σ^2 的估计量 $\widehat{\sigma^2}$, 并验证它是有效估计.

解　似然函数为

$$
\begin{aligned}
L &= \prod_{i=1}^{n} \frac{1}{\sqrt{2\pi}\sigma} \mathrm{e}^{-\frac{(x_i - \mu)^2}{2\sigma^2}} = (2\pi\sigma^2)^{-\frac{n}{2}} \mathrm{e}^{-\frac{1}{2\sigma^2} \sum\limits_{i=1}^{n} (x_i - \mu)^2}, \\
\ln L &= -\frac{n}{2} \ln(2\pi\sigma^2) - \frac{1}{2\sigma^2} \sum_{i=1}^{n} (x_i - \mu)^2, \\
\frac{\mathrm{d} \ln L}{\mathrm{d}\sigma^2} &= -\frac{n}{2\sigma^2} + \frac{1}{2\sigma^4} \sum_{i=1}^{n} (x_i - \mu)^2,
\end{aligned}
$$

令 $\dfrac{\mathrm{d} \ln L}{\mathrm{d}\sigma^2} = 0$, 解得 $\sigma^2 = \dfrac{1}{n} \sum\limits_{i=1}^{n} (x_i - \mu)^2$, 故得 σ^2 得极大似然估计量为 $\widehat{\sigma^2} = \dfrac{1}{n} \sum\limits_{i=1}^{n} (X_i - \mu)^2$.

下面验证 $\hat{\sigma^2}$ 是 σ^2 的有效估计. 因为

$$E(\hat{\sigma^2}) = E\left[\frac{1}{n}\sum_{i=1}^{n}(X_i - \mu)^2\right] = \frac{1}{n}\sum_{i=1}^{n}E(X_i - \mu)^2$$
$$= \frac{1}{n} \cdot n\sigma^2 = \sigma^2,$$

所以 $\hat{\sigma^2}$ 是 σ^2 的无偏估计. 下面只须验证 σ^2 的无偏估计量 $\hat{\sigma^2}$ 使拉奥－克拉默 (Rao-cramer) 不等式的等号成立, 即此时有等式

$$D(\hat{\sigma^2}) = \frac{1}{nE\left[\dfrac{\partial}{\partial\sigma^2}\ln f(X;\sigma^2)\right]^2}$$

成立即可. 由于总体 X 的概率密度为

$$f(x;\sigma^2) = \frac{1}{\sqrt{2\pi}\sigma}\mathrm{e}^{-\frac{(x-\mu)^2}{2\sigma^2}} = (2\pi\sigma^2)^{-\frac{1}{2}} \cdot \mathrm{e}^{-\frac{(x-\mu)^2}{2\sigma^2}},$$

从而

$$\ln f(x;\sigma^2) = -\frac{1}{2}\ln(2\pi\sigma^2) - \frac{1}{2\sigma^2}(x - \mu)^2,$$
$$\frac{\partial}{\partial\sigma^2}\ln f(x;\sigma^2) = -\frac{1}{2\sigma^2} + \frac{1}{2\sigma^4}(x - \mu)^2,$$
$$E\left[\frac{\partial}{\partial\sigma^2}\ln f(X;\sigma^2)\right]^2 = E\left[\frac{1}{4\sigma^4} - \frac{1}{2\sigma^6}(X - \mu)^2 + \frac{1}{4\sigma^8}E(X - \mu)^4\right]$$
$$= \frac{1}{4\sigma^4} - \frac{1}{2\sigma^6}\sigma^2 + \frac{1}{4\sigma^8}E(X - \mu)^4,$$

因为 $E(X - \mu)^4 = 3\sigma^4$, 进而有

$$E\left[\frac{\partial}{\partial\sigma^2}\ln f(X;\sigma^2)\right]^2 = \frac{1}{4\sigma^4} - \frac{1}{2\sigma^4} + \frac{1}{4\sigma^8}3\sigma^4 = \frac{1}{2\sigma^4},$$

故得

$$\frac{1}{nE\left[\dfrac{\partial}{\partial\sigma^2}\ln f(X;\sigma^2)\right]^2} = \frac{2\sigma^4}{n}.$$

又

$$D(\widehat{\sigma^2}) = D\left[\frac{1}{n}\sum_{i=1}^{n}(X_i - \mu)^2\right] = \frac{1}{n^2}\sum_{i=1}^{n}D(X_i - \mu)^2$$

$$= \frac{1}{n} D(X_i - \mu)^2 = \frac{2\sigma^4}{n},$$

所以 σ^2 的无偏估计使拉奥－克拉默 (Rao-cramer) 不等式的等号成立, 故 $\widehat{\sigma^2} = \frac{1}{n}\sum_{i=1}^{n}(X_i - \mu)^2$ 是 σ^2 的有效估计.

13. 设 $(X_1, X_2, \cdots, X_n)$ 为指数分布

$$f(x; \theta) = \begin{cases} \dfrac{1}{\theta}\mathrm{e}^{-\frac{x}{\theta}}, & x > 0, \\ 0, & x \leqslant 0 \end{cases}$$

的一个样本, 试证: 样本均值 $\overline{X} = \dfrac{1}{n}\sum_{i=1}^{n}X_i$ 是 θ 的有效估计.

证明   因 $E(\overline{X}) = E\left[\dfrac{1}{n}\sum_{i=1}^{n}X_i\right] = \dfrac{1}{n}\sum_{i=1}^{n}E(X_i) = \dfrac{1}{n}n\theta = \theta$, 故 $\overline{X}$ 是 θ 的无偏估计. 为证 $\overline{X}$ 是 θ 的有效估计, 只须验证 θ 的无偏估计 $\overline{X}$ 使拉奥－克拉默不等式的等号成立. 由于

$$\ln f(x; \theta) = -\ln\theta - \frac{x}{\theta},$$

$$\frac{\partial}{\partial\theta}\ln f(x; \theta) = -\frac{1}{\theta} + \frac{x}{\theta^2},$$

$$E\left[\frac{\partial}{\partial\theta}\ln f(X; \theta)\right]^2 = E\left(\frac{1}{\theta^2} - \frac{2X}{\theta^3} + \frac{X^2}{\theta^4}\right)$$

$$= \frac{1}{\theta^2} - \frac{2}{\theta^3}E(X) + \frac{1}{\theta^4}E(X^2)$$

$$= \frac{1}{\theta^2} - \frac{2}{\theta^2} + \frac{1}{\theta^4}(\theta^2 + \theta^2)$$

$$= \frac{1}{\theta^2},$$

从而有

$$\frac{1}{nE\left[\dfrac{\partial}{\partial\theta}\ln f(X; \theta)\right]^2} = \frac{\theta^2}{n},$$

又 $D(\overline{X}) = \dfrac{1}{n}\theta^2$, 故 θ 的无偏估计 $\overline{X}$ 使得拉奥－克拉默不等式的等号成立, 所以 $\overline{X}$ 是 θ 的有效估计.

14. 设从均值为 μ, 方差为 $\sigma^2 > 0$ 的总体中分别抽取容量为 n_1, n_2 的两个独立样本, $\overline{X}_1, \overline{X}_2$ 分别为两样本的均值, 试证: 对于任意常数 a, b $(a + b = 1)$, $Y = a\overline{X}_1 + b\overline{X}_2$ 都是 μ 的无偏估计, 并确定常数 a, b 使 $D(Y)$ 达到最小.

证明 由题设知 $E(\overline{X_1}) = \mu = E(\overline{X_2})$, 又 $a + b = 1$, 可得

$$E(Y) = E\left(a\overline{X_1} + b\overline{X_2}\right) = aE(\overline{X_1}) + bE(\overline{X_2}) = (a + b)\mu = \mu,$$

故对任意 a, b, 只要 $a + b = 1, Y = a\overline{X_1} + b\overline{X_2}$ 都是 μ 的无偏估计量. 又 $D(\overline{X_1}) = \dfrac{1}{n_1}\sigma^2, D(\overline{X_2}) = \dfrac{1}{n_2}\sigma^2$, 且 $\overline{X_1}$ 与 $\overline{X_2}$ 相互独立, 从而得

$$D(Y) = D\left(a\overline{X_1} + b\overline{X_2}\right) = D\left(a\overline{X_1}\right) + D\left(b\overline{X_2}\right)$$

$$= a^2 D(\overline{X_1}) + b^2 D(\overline{X_2}) = \left(\frac{a^2}{n_1} + \frac{b^2}{n_2}\right)\sigma^2.$$

把 $b = 1 - a$ 代入上式, 得到

$$D(Y) = \left[\frac{a^2}{n_1} + \frac{(1 - a)^2}{n_2}\right]\sigma^2,$$

$$\frac{\mathrm{d}}{\mathrm{d}a}D(Y) = \left[\frac{2a}{n_1} - \frac{2(1 - a)}{n_2}\right]\sigma^2,$$

令 $\dfrac{\mathrm{d}}{\mathrm{d}a}D(Y) = 0$, 解得 $a = \dfrac{n_1}{n_1 + n_2}$, 从而 $b = 1 - a = \dfrac{n_2}{n_1 + n_2}$, 又由于 $\dfrac{\mathrm{d}^2}{\mathrm{d}a^2}D(Y) = \left(\dfrac{2}{n_1} + \dfrac{2}{n_2}\right)\sigma^2 > 0$, 故知当

$$a = \frac{n_1}{n_1 + n_2}, \quad b = \frac{n_2}{n_1 + n_2}$$

时, $D(Y)$ 达到最小.

15. 设 $X_1, X_2, \cdots, X_n$ 是来自总体 $X \sim N(\mu, \sigma^2)$ 的样本, μ 已知. 问 σ^2 的两个无偏估计量 $S_1^2 = \dfrac{1}{n}\sum\limits_{i=1}^{n}(X_i - \mu)^2$ 和 $S_2^2 = \dfrac{1}{n-1}\sum\limits_{i=1}^{n}(X_i - \overline{X})^2$ 那个更有效?

解 由于

$$\frac{nS_1^2}{\sigma^2} = \frac{1}{\sigma^2}\sum_{i=1}^{n}(X_i - \mu)^2 \sim \chi^2(n),$$

$$\frac{(n-1)S_2^2}{\sigma^2} = \frac{1}{\sigma^2}\sum_{i=1}^{n}(X_i - \overline{X})^2 \sim \chi^2(n-1),$$

因此 $D\left(\dfrac{n}{\sigma^2}S_1^2\right) = 2n, D\left(\dfrac{n-1}{\sigma^2}S_2^2\right) = 2(n-1)$, 从而

$$D(S_1^2) = \frac{2}{n}\sigma^4, \quad D(S_2^2) = \frac{2\sigma^4}{n-1}, \quad D(S_1^2) < D(S_2^2).$$

所以 S_1^2 比 S_2^2 更有效.

16. 随机地从一批零件中抽取 16 个测得其长度 (单位:cm) 如下:

$$2.14, \ 2.10, \ 2.13, \ 2.15, \ 2.13, \ 2.12, \ 2.13, \ 2.10,$$

$$2.15, \ 2.12, \ 2.14, \ 2.10, \ 2.13, \ 2.11, \ 2.14, \ 2.11.$$

设该零件长度分布为正态的, 试求总体均值 μ 的 0.90 置信区间.

(i) 若已知 $\sigma = 0.01$;　　　(ii) 若 σ 未知.

解　由题设算得

$$\overline{x} = \frac{1}{16}\sum_{i=1}^{16} x_i = 2.125, \quad s^2 = \frac{1}{16-1}\sum_{i=1}^{16}(x_i - \overline{x})^2 = 2.933 \times 10^{-4}, \quad s = 0.017.$$

(i) 若 σ 已知, 则均值 μ 的置信水平为 $1 - \alpha$ 的置信区间为

$$\left(\overline{X} - \frac{\sigma}{\sqrt{n}} u_{1-\frac{\alpha}{2}}, \ \ \overline{X} + \frac{\sigma}{\sqrt{n}} u_{1-\frac{\alpha}{2}} \right).$$

由题设知 $1 - \alpha = 0.90, \alpha = 0.10$, 查正态分布表得 $u_{1-\frac{\alpha}{2}} = u_{0.95} = 1.645$, 又由于 $n = 16, \sigma = 0.01, \overline{x} = 2.125$, 故算得 μ 的置信水平为 0.90 的置信区间为 $(2.121, 2.129)$.

(ii) 若 σ 未知, 则 μ 的置信水平为 $1 - \alpha$ 的置信区间为

$$\left(\overline{X} - \frac{S}{\sqrt{n}} t_{1-\frac{\alpha}{2}}(n-1), \ \overline{X} + \frac{S}{\sqrt{n}} t_{1-\frac{\alpha}{2}}(n-1) \right).$$

由 $\alpha = 0.10, n = 16$, 查 t 分布表得 $t_{1-\frac{\alpha}{2}}(n-1) = t_{0.95}(15) = 1.7531$, 又 $\overline{x} = 2.125, s = 0.017$, 算得 μ 的置信水平为 0.90 的置信区间为 $(2.1175, 2.13215)$.

17. 测量铅的比重 16 次, 测得 $\overline{x} = 2.705, s = 0.029$, 试求出铅的比重均值 0.95 的置信区间. 设这 16 次测量结果可以看作来自同一正态总体的样本.

解　由题意知, 正态总体的总体方差未知, 则总体均值的置信水平为 $1 - \alpha$ 的置信区间为

$$\left(\overline{X} - \frac{S}{\sqrt{n}} t_{1-\frac{\alpha}{2}}(n-1), \ \ \overline{X} + \frac{S}{\sqrt{n}} t_{1-\frac{\alpha}{2}}(n-1) \right).$$

由题设知 $n = 16, \overline{x} = 2.705, s = 0.029, 1 - \alpha = 0.95$, 查 t 分布表得 $t_{1-\frac{\alpha}{2}}(n-1) = t_{0.975}(15) = 2.1315$, 故算得总体均值的置信水平为 0.95 的置信区间为

$$(2.690, \ 2.720).$$

18. 对方差 σ^2 为已知的正态总体来说, 问需取容量 n 多大的样本, 方使总体均值 μ 的置信水平 $1 - \alpha$ 的置信区间长不大于 L?

解 方差 σ^2 已知的正态总体的均值 μ 的置信水平为 $1 - \alpha$ 的置信区间为

$$\left(\overline{X} - \frac{\sigma}{\sqrt{n}} u_{1-\frac{\alpha}{2}}, \quad \overline{X} + \frac{\sigma}{\sqrt{n}} U_{1-\frac{\alpha}{2}} \right),$$

置信区间的长为 $2\dfrac{\sigma}{\sqrt{n}} u_{1-\frac{\alpha}{2}}$, 为使置信区间长不大于 L, 即 $2\dfrac{\sigma}{\sqrt{n}} u_{1-\frac{\alpha}{2}} \leqslant L$, 只须取

$$n \geqslant \left(\frac{2\sigma}{L} u_{1-\frac{\alpha}{2}} \right)^2.$$

19. 随机地从 A 种导线中抽取 4 根, 并从 B 种导线中抽取 5 根, 测得其电阻 (Ω) 如下:

A 种导线　0.143, 0.142, 0.143, 0.137;

B 种导线　0.140, 0.142, 0.136, 0.138, 0.140.

设测试数据分别服从正态分布 $N(\mu_1, \sigma^2), N(\mu_2, \sigma^2)$, 并且它们相互独立, 又 μ_1, μ_2, 及 σ^2 均未知, 试求 $\mu_1 - \mu_2$ 的 0.95 置信区间.

解 由题意知两正态总体的方差未知, 但相等, 则两总体均值 $\mu_1 - \mu_2$ 的置信水平为 $1 - \alpha$ 的置信区间为

$$\left((\overline{X} - \overline{Y}) - t_{1-\frac{\alpha}{2}}(n_1 + n_2 - 2) S_W \sqrt{\frac{1}{n_1} + \frac{1}{n_2}}, \right.$$

$$\left. (\overline{X} - \overline{Y}) + t_{1-\frac{\alpha}{2}}(n_1 + n_2 - 2) S_W \sqrt{\frac{1}{n_1} + \frac{1}{n_2}} \right),$$

其中 $S_W = \sqrt{\dfrac{(n_1 - 1)S_1^2 + (n_2 - 1)S_2^2}{n_1 + n_2 - 2}}$.

由题设知 $n_1 = 4, n_2 = 5, 1 - \alpha = 0.95$, 查 t 分布表得 $t_{1-\frac{\alpha}{2}}(n_1 + n_2 - 2) = t_{0.975}(7) = 2.3646$, 又由已知条件算得

$$\overline{x} = 0.14125, \quad \overline{y} = 0.1392,$$

$$3s_1^2 = 0.000025, \quad 4s_2^2 = 0.000021,$$

$$s_w = 0.00256,$$

从而算得 $\mu_1 - \mu_2$ 的置信水平为 0.95 的置信区间为 $(-0.002, 0.006)$.

20. 随机地抽取某种炮弹 9 发进行试验, 测得炮口速度的样本标准差 s 为 11(m/s). 设炮口速度服从正态分布, 求这种炮弹的炮口速度的标准差 σ 的 0.95 的置信区间.

解 由题设正态总体的均值未知, 则总体标准差 σ 的置信水平为 $1-\alpha$ 的置信区间为

$$\left(\sqrt{\frac{(n-1)s^2}{\chi^2_{1-\frac{\alpha}{2}}(n-1)}}, \quad \sqrt{\frac{(n-1)s^2}{\chi^2_{\frac{\alpha}{2}}(n-1)}} \right).$$

由题设 $n=9, s=11, 1-\alpha=0.95$, 查 χ^2 分布表得 $\chi^2_{1-\frac{\alpha}{2}}(n-1)=\chi^2_{0.975}(8)=17.535, \chi^2_{\frac{\alpha}{2}}(n-1)=\chi^2_{0.025}(8)=2.18$, 从而算得 σ 的置信水平为 0.95 的置信区间为 $(7.4, 21.1)$.

21. 测得一批 20 个钢件的屈服点 (t/cm^2) 为

$$4.98,\ 5.11,\ 5.20,\ 5.20,\ 5.11,\ 5.00,\ 5.61,\ 4.88,\ 5.27,\ 5.38,$$

$$5.46,\ 5.27,\ 5.23,\ 4.96,\ 5.35,\ 5.15,\ 5.35,\ 4.77,\ 5.38,\ 5.54.$$

设屈服点近似服从正态分布, 试求:

(i) 屈服点总体均值的 0.95 的置信区间;

(ii) 屈服点总体标准差 σ 的 0.95 置信区间.

解 (i) 由题设知屈服点总体方差未知, 则总体均值的置信区间水平为 $1-\alpha$ 的置信区间为

$$\left(\overline{X} - \frac{S}{\sqrt{n}} t_{1-\frac{\alpha}{2}}(n-1), \ \overline{X} + \frac{S}{\sqrt{n}} t_{1-\frac{\alpha}{2}}(n-1) \right).$$

由题设知 $n=20, 1-\alpha=0.95$, 查 t 分布表得 $t_{1-\frac{\alpha}{2}}(n-1)=t_{0.975}(19)=2.093$, 又由题设数据算得

$$\overline{x}=5.21, \quad s^2=0.2203^2,$$

从而得到总体均值的置信水平为 0.95 的置信区间为 $(5.107, 5.313)$.

(ii) 由题设知屈服点总体均值未知, 则总体标准差 σ 的置信水平为 $1-\alpha$ 的置信区间为

$$\left(\sqrt{\frac{(n-1)s^2}{\chi^2_{1-\frac{\alpha}{2}}(n-1)}}, \quad \sqrt{\frac{(n-1)s^2}{\chi^2_{\frac{\alpha}{2}}(n-1)}} \right).$$

由题设知, $n=20, s^2=0.2203^2, 1-\alpha=0.95$, 查 χ^2 分布表得 $\chi^2_{1-\frac{\alpha}{2}}(n-1)=\chi^2_{0.975}(19)=32.852, \chi^2_{\frac{\alpha}{2}}(n-1)=\chi^2_{0.025}(19)=8.907$, 从而算得总体标准差 σ 的置信水平为 0.95 的置信区间为 $(0.168, 0.322)$.

22. 冷抽铜丝的折断力服从正态分布, 从一批铜丝中任取 10 根试验折断力, 得数据如下 (单位:kg)

$$573,\ 572,\ 570,\ 568,\ 572,\ 570,\ 570,\ 596,\ 584,\ 582.$$

求总体标准差的 0.95 的置信区间.

解 由题意知正态总体均值未知, 则总体标准差的置信水平为 $1 - \alpha$ 的置信区间为

$$\left(\sqrt{\frac{(n-1)s^2}{\chi^2_{1-\frac{\alpha}{2}}(n-1)}}, \ \sqrt{\frac{(n-1)s^2}{\chi^2_{\frac{\alpha}{2}}(n-1)}} \right).$$

由题设知, $n = 10, 1 - \alpha = 0.95$, 查 χ^2 分布表得 $\chi^2_{1-\frac{\alpha}{2}}(n-1) = \chi^2_{0.975}(9) = 19.0, \chi^2_{\frac{\alpha}{2}}(n-1) = \chi^2_{0.025}(9) = 2.70$, 又由题设数据算得 $s^2 = 8.895^2$, 从而算得总体标准差的置信水平为 0.95 的置信区间为 $(6.122, 16.240)$.

23. 测量某种仪器的工作温度 5 次得:

$$1250℃, 1275℃, 1265℃, 1245℃, 1260℃.$$

问温度均值以 0.95 把握落在何范围? (设温度服从正态分布.)

解 由题意正态总体方差未知, 则总体均值的置信水平为 $1 - \alpha$ 的置信区间为

$$\left(\overline{X} - \frac{S}{\sqrt{n}} t_{1-\frac{\alpha}{2}}(n-1), \ \overline{X} + \frac{S}{\sqrt{n}} t_{1-\frac{\alpha}{2}}(n-1) \right).$$

由题设 $n = 5, 1 - \alpha = 0.95$, 查 t 分布表得 $t_{1-\frac{\alpha}{2}}(n-1) = t_{0.975}(4) = 2.776$, 由题设数据算得

$$\overline{x} = 1259, \quad s^2 = 11.94^2,$$

从而算得温度均值的置信水平为 0.95 的置信区间为 $(1244.2, 1273.8)$, 所以温度均值以 0.95 把握落在区间 $(1244.2, 1273.8)$ 内.

24. 有两种灯泡, 一种用 A 型灯丝, 另一种用 B 型灯丝, 随机地抽取这两种灯泡各 10 只作试验, 得到它们的寿命 (h) 如下:

A 型灯泡 1293, 1380, 1614, 1497, 1340, 1643, 1466, 1627, 1387, 1711;

B 型灯泡 1061, 1065, 1092, 1017, 1021, 1138, 1143, 1094, 1270, 1028.

设这两样本相互独立, 并设两种灯泡寿命都服从正态分布且方差相等, 求这两个总体平均寿命差 $\mu_A - \mu_B$ 的 0.90 的置信区间.

解 由题意知两正态总体的方差未知但相等, 则两总体均值差的置信水平为 $1 - \alpha$ 的置信区间为

$$\left((\overline{X}_A - \overline{X}_B) \pm t_{1-\frac{\alpha}{2}}(n_A + n_B - 2) S_W \sqrt{\frac{1}{n_A} + \frac{1}{n_B}} \right).$$

由题设知 $n_A = n_B = 10, 1 - \alpha = 0.90$, 查 t 分布表得 $t_{1-\frac{\alpha}{2}}(n_A + n_B - 2) = t_{0.95}(18) = 1.7341$, 又由题设数据算得

$$\overline{x}_A = 1495.8, \quad \overline{x}_B = 1092.9,$$

$$9S_A^2 = 190701.6, \quad 9S_B^2 = 52848.9,$$

$$S_W = \sqrt{\frac{(n_A-1)S_A^2 + (n_B-1)S_B^2}{n_A + n_B - 2}} = \sqrt{\frac{9S_A^2 + 9S_B^2}{18}} = \sqrt{13530.583},$$

从而算得两总体均值差的置信水平为 0.90 的置信区间为 (313, 493), 此即两总体平均寿命差 $\mu_1 - \mu_2$ 的 0.90 的置信区间.

25. 有两位化验员 A, B, 他们独立地对某种聚合物的含氯量用相同的方法各作了 10 次测定. 其测定值的方差 S^2 依次为 0.5419 和 0.6065. 设 σ_A^2 和 σ_B^2 分别为 A, B 所测量的数据总体 (设为正态分布) 的方差, 求方差比 σ_A^2/σ_B^2 的 0.95 的置信区间.

解   由题意知, 两正态总体的参数都未知, 则方差比 $\dfrac{\sigma_A^2}{\sigma_B^2}$ 的置信水平为 $1 - \alpha$ 的置信区间为

$$\left(\frac{\dfrac{S_A^2}{S_B^2}}{F_{1-\frac{\alpha}{2}}(n_A-1, n_B-1)}, \; \frac{\dfrac{S_A^2}{S_B^2}}{F_{\frac{\alpha}{2}}(n_A-1, n_B-1)} \right).$$

由题设知 $n_A = n_B = 10, S_A^2 = 0.5419, \quad S_B^2 = 0.6065, 1 - \alpha = 0.95$, 查 F 分布表得

$$F_{1-\frac{\alpha}{2}}(n_A-1, n_B-1) = F_{0.975}(9,9) = 4.03,$$

$$F_{\frac{\alpha}{2}}(n_A-1, n_B-1) = F_{0.025}(9,9) = \frac{1}{4.03},$$

从而算得方差比 $\dfrac{\sigma_A^2}{\sigma_B^2}$ 的置信水平为 0.95 的置信区间为 (0.222, 3.601).

26. 从甲, 乙两个蓄电池厂的产品中分别抽取 10 个产品, 测得蓄电池的容量 (A·h) 如下:

甲厂   146, 141, 138, 142, 140, 143, 138, 137, 142, 137;

乙厂   141, 143, 139, 139, 140, 141, 138, 140, 142, 136.

设蓄电池的容量服从正态分布, 求两个工厂生产的蓄电池的容量方差比的置信水平为 0.95 的置信区间.

解   由题意两正态总体的参数都未知, 则两总体方差比的置信水平为 $1 - \alpha$ 的置信区间为

$$\left(\frac{\dfrac{S_1^2}{S_2^2}}{F_{1-\frac{\alpha}{2}}(n_1-1, n_2-1)}, \; \frac{\dfrac{S_1^2}{S_2^2}}{F_{\frac{\alpha}{2}}(n_1-1, n_2-1)} \right).$$

由题设知 $n_1 = 10, n_2 = 10, 1 - \alpha = 0.95$, 查 F 分布表得 $F_{1-\frac{\alpha}{2}}(n_1-1, n_2-1) =$

$F_{0.975}(9,9) = 4.03, F_{\frac{\alpha}{2}}(n_1 - 1, n_2 - 1) = F_{0.025}(9,9) = \dfrac{1}{4.03}$，又由题设数据算得

$$S_1^2 = 8.711, \quad S_2^2 = 4.1000,$$

从而算得方差比的置信水平为 0.95 的置信区间为 $(0.53, 8.56)$.

27. 设总体 $X \sim N(\mu, \sigma^2)$，μ, σ^2 均未知，$(X_1, X_2, \cdots, X_n)$ 是总体的容量为 n 的样本.

(i) 求使 $P\{X > A\} = 0.05$ 的点 A 的极大似然估计；

(ii) 求使 $\theta = P\{X \geqslant 2\}$ 的 θ 的极大似然估计.

解 (i) 为使 $P\{X > A\} = 0.05$，只要 $P\{X \leqslant A\} = 0.95$，从而得 $\Phi\left(\dfrac{A - \mu}{\sigma}\right) = 0.95$，查正态分布表得 $\dfrac{A - \mu}{\sigma} = 1.645$，所以 $A = 1.645\sigma + \mu$.

由于正态总体均值 μ 和标准差得极大似然估计分别为

$$\hat{\mu} = \overline{X}, \quad \hat{\sigma} = \sqrt{\frac{1}{n}\sum_{i=1}^{n}(X_i - \overline{X})^2},$$

故由极大似然估计的性质可得 A 的极大似然估计为

$$\hat{A} = 1.645\hat{\sigma} + \hat{\mu} = 1.645\sqrt{\frac{1}{n}\sum_{i=1}^{n}(X_i - \overline{X})^2} + \overline{X}.$$

(ii) 由于 $\theta = P\{X \geqslant 2\} = 1 - \Phi\left(\dfrac{2 - \mu}{\sigma}\right)$，而 μ 和 σ 的极大似然估计分别为

$$\hat{\mu} = \overline{X}, \quad \hat{\sigma} = \sqrt{\frac{1}{n}\sum_{i=1}^{n}(X_i - \overline{X})^2},$$

故 θ 的极大似然估计为

$$\hat{\theta} = 1 - \Phi\left(\frac{2 - \hat{\mu}}{\hat{\sigma}}\right) = 1 - \Phi\left(\frac{2 - \overline{X}}{\sqrt{\dfrac{1}{n}\sum_{i=1}^{n}(X_i - \overline{X})^2}}\right).$$

28. 设有 k 台仪器. 已知用第 i 台仪器测量时, 测定值总体的标准差为 σ_i $(i = 1, 2, \cdots, k)$. 用这些仪器独立地对某一物理量 θ 各观测一次, 分别得到 $X_1, X_2, \cdots, X_n$. 设仪器都没有系统误差, 即 $E(X_i) = \theta$ $(i = 1, 2, \cdots, k)$. 问 $a_1, a_2, \cdots, a_k$ 应取何值时才能使用 $\hat{\theta} = \sum_{i=1}^{k} a_i X_i$ 估计 θ 时, $\hat{\theta}$ 是无偏的, 并且 $D(\hat{\theta})$ 最小?

解   由题设知 $E(X_i) = \theta$, 为使 $\hat{\theta}$ 是 θ 的无偏估计, 必须

$$\theta = E(\hat{\theta}) = E\left[\sum_{i=1}^{k} a_i X_i\right] = \left(\sum_{i=1}^{k} a_i E(X_i)\right) = \left(\sum_{i=1}^{k} a_i\right)\theta,$$

即要求 $\displaystyle\sum_{i=1}^{k} a_i = 1$.   (1)

又由题设知 $D(X_i) = \sigma_i^2, i = 1, 2, \cdots, k$, 且 $X_1, X_2, \cdots, X_k$ 相互独立, 从而有

$$D(\hat{\theta}) = D\left(\sum_{i=1}^{k} a_i X_i\right) = \sum_{i=1}^{k} D\left(a_i X_i\right) = \sum_{i=1}^{k} a_i^2 D(X_i) = \sum_{i=1}^{k} a_i^2 \sigma_i^2.$$

为求 $D(\hat{\theta})$ 在条件 $\displaystyle\sum_{i=1}^{k} a_i = 1$ 下的最小值, 采用拉格朗日乘数法. 构造函数

$$F(a_1, a_2, \cdots, a_k, \lambda) = \sum_{i=1}^{k} a_i^2 \sigma_i^2 + \lambda\left(\sum_{i=1}^{k} a_i - 1\right),$$

求其对 $a_i(i = 1, 2, \cdots, k)$ 的偏导数, 并令其为零, 则得到

$$\frac{\partial F}{\partial a_i} = 2a_i\sigma_i^2 + \lambda = 0, \quad i = 1, 2, \cdots, k,$$

再与 (1) 式联立, 解方程组得

$$a_i = -\frac{\lambda}{2\sigma_i^2}, \quad i = 1, 2, \cdots, k,$$

将这 k 个式子代入 (1) 式, 则有

$$\sum_{i-1}^{k} \frac{-\lambda}{2\sigma_i^2} = 1,$$

从而有

$$\lambda = -\frac{1}{\displaystyle\sum_{i=1}^{k} \frac{1}{2\sigma_i^2}}, \qquad a_i = \frac{1}{\sigma_i^2 \displaystyle\sum_{j=1}^{k} \frac{1}{\sigma_j^2}}.$$

由题意知, $D(\hat{\theta})$ 的最小值一定存在, 所以当

$$a_i = \frac{1}{\sigma_i^2 \displaystyle\sum_{j=1}^{k} \frac{1}{\sigma_j^2}}, \qquad i = 1, 2, \cdots, k$$

时, 用 $\hat{\theta} = \displaystyle\sum_{i=1}^{k} a_i X_i$ 估计 θ 时, $\hat{\theta}$ 是无偏的, 且其方差为最小.

第 7 章 假 设 检 验

1. 填空题

设 $X_1, X_2, \cdots, X_n$ 是来自正态总体 $N(\mu, \sigma^2)$ 的简单随机样本, 其中参数 μ 和 σ^2 未知, 记

$$\overline{X} = \frac{1}{n}\sum_{i=1}^{n} X_i, \quad Q^2 = \sum_{i=1}^{n}(X_i - \overline{X})^2,$$

则假设 $H_0 : \mu = 0$ 的 t 检验使用的统计量 $T = $ _____.

答 $T = \dfrac{\overline{X}}{Q}\sqrt{n(n-1))}$.

分析 由题意, 所求 t 检验的统计量为

$$T = \frac{\overline{X} - \mu_0}{\dfrac{S}{\sqrt{n}}} = \frac{\overline{X}}{\dfrac{S}{\sqrt{n}}} \sim t(n-1).$$

而 $S^2 = \dfrac{1}{n-1}\sum_{i=1}^{n}(X_i - \overline{X})^2 = \dfrac{1}{n-1}Q^2$, 故

$$T = \frac{\overline{X}}{\dfrac{\sqrt{\dfrac{1}{n-1}Q^2}}{\sqrt{n}}} = \frac{\overline{X}}{Q}\sqrt{n(n-1)}.$$

2. 选择题

设总体 $X \sim N(\mu_1, \sigma_1^2), X_1, X_2, \cdots, X_{n_1}$ 是来自 X 的简单随机样本; 总体 $Y \sim N(\mu_2, \sigma_2^2), Y_1, Y_2, \cdots, Y_{n_2}$ 是来自 Y 的简单随机样本, 且 $\mu_1, \mu_2, \sigma_1^2, \sigma_2^2$ 均为未知参数, 两样本相互独立, 令

$$F_1 = \frac{(n_2-1)\sum\limits_{i=1}^{n_1}(X_i - \overline{X})^2}{(n_1-1)\sum\limits_{i=1}^{n_2}(Y_i - \overline{Y})^2}, \quad F_2 = \frac{n_2\sum\limits_{i=1}^{n_1}(X_i - \mu_1)^2}{n_1\sum\limits_{i=1}^{n_2}(Y_i - \mu_2)^2},$$

则检验假设 (给定显著性水平 α)$H_0 : \sigma_1^2 \geqslant \sigma_2^2$, $H_1 : \sigma_1^2 < \sigma_2^2$ 的拒绝域为 (   ).

(A) $W = \{F_1 < F_\alpha(n_1-1, n_2-1)\}$;

(B) $W = \{F_1 < F_\alpha(n_1, n_2)\}$;

(C) $W = \{F_2 < F_\alpha(n_1, n_2)\}$;

(D) $W = \{F_2 < F_\alpha(n_1 - 1, n_2 - 1)\}$.

答 (A).

分析 由题意两正态总体的均值未知, 检验方差比应选统计量

$$F = \frac{\dfrac{S_1^2}{S_2^2}}{\dfrac{\sigma_1^2}{\sigma_2^2}} \stackrel{H_0}{=} \frac{S_1^2}{S_2^2} = \frac{\dfrac{1}{(n_1 - 1)} \sum\limits_{i=1}^{n_1} (X_i - \overline{X})^2}{\dfrac{1}{(n_2 - 1)} \sum\limits_{i=1}^{n_2} (Y_i - \overline{Y})^2} \sim F(n_1 - 1, n_2 - 1).$$

又由题意知是左单边检验问题, 故检验的拒绝域为 (A), 即

$$W = \{F_1 < F_\alpha(n_1 - 1, n_2 - 1)\}.$$

3. 在产品检验时, 原假设 H_0: 产品合格. 为了使"次品混入正品"的可能性很小, 在样本容量 n 固定的条件下, 显著性水平 α 应取大些还是小些?

答 α 应取大一些. 因在样本容量 n 的固定的条件下, 为使"次品混入正品"的可能性很小, 即使"取伪"的可能性很小, 则应使"拒真"的可能性大一些, 即 α 应取大一些.

4. 已知某炼铁厂的铁水含碳量在正常情况下服从正态分布 $N(4.55, 0.11^2)$. 某日测得 5 炉铁水含碳量如下:4.28, 4.40, 4.42, 4.35, 4.37. 如果标准差不变, 该日铁水含碳量的平均值是否有显著变化? (取 $\alpha = 0.05$.)

解 由题意建立假设:

$$H_0 : \mu = 4.55, \qquad H_1 : \mu \neq 4.55.$$

由于总体方差已知, 故选取统计量 U, 在 H_0 为真下,

$$U = \frac{\overline{X} - \mu_0}{\dfrac{\sigma}{\sqrt{n}}} \sim N(0, 1).$$

对给定的显著性水平 $\alpha = 0.05$, 查表得 $u_{1-\frac{\alpha}{2}} = u_{0.975} = 1.96$, 检验的拒绝域为

$$W = \{|U| > u_{1-\frac{\alpha}{2}}\} = \{|U| > 1.96\}.$$

由样本观测值算得 $\overline{x} = 4.364$, 又 $n = 6, \sigma = 0.11$, 从而得

$$|u| = \left| \frac{\overline{x} - \mu_0}{\sigma} \cdot \sqrt{n} \right| = \left| \frac{4.364 - 4.55}{0.11} \cdot \sqrt{5} \right| = 3.78 > 1.96,$$

故拒绝原假设 H_0, 即认为铁水含炭量的平均值有显著变化.

5. 某厂生产的某种钢索的断裂强度服从 $N(\mu, \sigma^2)$ 分布, 其中 $\sigma = 40$ kg/cm^2. 现从一批这种钢索的容量为 9 的一个样本测得断裂强度平均值 $\overline{x}$, 与以往正常生产时 μ 相比, $\overline{x}$ 较 μ 大 20 kg/cm^2. 该总体方差不变, 问在 $\alpha = 0.01$ 下能否认为这批钢索质量有显著提高?

解 由题意建立假设

$$H_0 : \mu = \mu_0, \qquad H_1 : \mu > \mu_0.$$

由于总体方差已知, $\sigma^2 = 40^2$, 故选取统计量 U, 在 H_0 为真下,

$$U = \frac{\overline{X} - \mu_0}{\dfrac{\sigma}{\sqrt{n}}} \sim N(0, 1).$$

对给定的显著性水平 $\alpha = 0.01$, 查表得 $u_{1-\alpha} = U_{0.99} = 2.33$, 检验的拒绝域为

$$W = \{U > u_{1-\alpha}\} = \{U > 2.33\}.$$

由题设知, $n = 9, \overline{x} - \mu_0 = 20, \sigma = 40$, 从而得

$$u = \frac{\overline{x} - \mu_0}{\dfrac{\sigma}{\sqrt{n}}} = \frac{20}{\dfrac{40}{\sqrt{9}}} = 1.5 < 2.33,$$

故不拒绝原假设 H_0, 即不认为这批钢索质量有显著提高.

6. 某厂对废水进行处理, 要求某种有毒物质的浓度小于 19mg/L. 抽样检查得到 10 个数据, 其样本均值 $\overline{x} = 17.1$mg/L. 设有毒物质的含量服从正态分布, 且已知方差 $\sigma^2 = 8.5$mg^2/L^2. 问在显著水平 $\alpha = 0.05$ 下, 处理后的废水是否合格?

解 根据题意提出假设

$$H_0 : \mu \geqslant \mu_0, \qquad H_1 : \mu < \mu_0.$$

由于方差 σ^2 已知, 故选取统计量

$$U = \frac{\overline{X} - \mu_0}{\dfrac{\sigma}{\sqrt{n}}} \overset{H_0}{=\!=} \frac{\overline{X} - 19}{\dfrac{\sigma}{\sqrt{n}}} \sim N(0, 1).$$

对给定的显著性水平 $\alpha = 0.05$, 查表得 $u_{1-\alpha} = u_{0.95} = 1.645$, 从而得拒绝域为

$$W = \{U < -u_{1-\alpha}\} = \{U < -1.645\}.$$

由 $n = 9, \overline{x} = 17.1, \sigma^2 = 8.5$, 算得统计量的值

$$u = \frac{\overline{x} - 19}{\frac{\sigma}{\sqrt{n}}} = \frac{17.1 - 19}{\sqrt{\frac{8.5}{10}}} = -2.06 < -1.645.$$

故拒绝原假设 H_0, 即认为处理后的废水合格.

7. 设样本 $X_1, X_2, \cdots, X_{25}$ 取自正态总体 $N(\mu, 9)$, 其中 μ 为未知参数, $\overline{X}$ 为样本平均值. 如果对检验问题 $H_0 : \mu = \mu_0$, $H_1 : \mu \neq \mu_0$ 取检验的拒绝域: $W = \{|\overline{X} - \mu_0| \geqslant C\}$, 试决定常数 C, 使检验的显著性水平为 0.05.

解　由题设知, $n = 25, \sigma^2 = 9, \alpha = 0.05$, 对于题设检验问题所取的检验的拒绝域: $W = \{|\overline{X} - \mu_0| \geqslant C\}$, 则犯第一类错误的概率为

$$P\{|\overline{X} - \mu_0| \geqslant C\} = 0.05,$$

从而有

$$P\left\{\left|\frac{\overline{X} - \mu_0}{\frac{\sigma}{\sqrt{n}}}\right| \geqslant \frac{C}{\frac{\sigma}{\sqrt{n}}}\right\} = 0.05,$$

由正态分布分位数的定义, 可得

$$\frac{C}{\frac{\sigma}{\sqrt{n}}} = u_{0.975} = 1.96,$$

所以 $C = 1.96 \cdot \dfrac{3}{\sqrt{25}} = 1.176$.

8. 某厂生产镍合金线, 其抗拉强度的均值为 $10620(\mathrm{kg/mm^2})$ 今改进工艺后生产一批镍合金线, 抽取 10 根, 测得抗拉强度 $(\mathrm{kg/mm^2})$ 为

10512, 10623, 10668, 10554, 10776, 10707, 10557, 10581, 10666, 10670.

认为抗拉强度服从正态分布, 取 $\alpha = 0.05$, 问新生产的镍合金线的抗拉强度是否比过去生产的镍合金线的抗拉强度要高?

解　根据题意, 设镍合金的抗拉强度为 X, $X \sim N(\mu, \sigma^2)$, σ^2 未知, 建立假设

$$H_0 : \mu = 10620, \quad H_1 : \mu > 10620.$$

由于方差未知, 故选取检验统计量为 T.

$$T = \frac{\overline{X} - \mu_0}{\frac{S}{\sqrt{n}}} \overset{H_0}{=} \frac{\overline{X} - 10620}{\frac{S}{\sqrt{n}}} \sim t(n - 1).$$

对给定显著性水平 $\alpha = 0.05$, $t_{1-\alpha}(n-1) = t_{0.95}(9) = 1.8331$, 从而得检验的拒绝域为

$$W = \{T > t_{1-\alpha}(n-1)\} = \{T > 1.8331\}.$$

由题设数据算得 $\overline{x} = 10631.4$, $s^2 = 80.9973^2$, 从而算得统计量 T 的值

$$t = \frac{\overline{x} - 10620}{\dfrac{s}{\sqrt{n}}} = \frac{10631.4 - 10620}{\dfrac{80.9973}{\sqrt{10}}} = 0.4451 < 1.8331,$$

故不拒绝原假设 H_0, 不认为新生产的镍合金线的抗拉强度比过去生产的镍合金线的抗拉强度 (显著地) 高.

9. 某纺织厂在正常条件下, 平均每台织布机每小时经纱断头根数为 9.73 根. 该厂进行工艺改革, 减少经纱上浆率. 在 100 台织布机上进行试验, 结果平均每台每小时断头根数为 9.94, 标准差为 1.20, 已知经纱断头根数服从正态分布, 试在水平 $\alpha = 0.05$ 下检验新的上浆率能否推广使用? (一般情况下, 上浆率降低, 断头根数应增加.)

解　根据题意, 设经纱断头根数总体为 X, $X \sim N(\mu, \sigma^2)$, 方差 σ^2 未知, 由题意建立假设

$$H_0 : \mu = 9.73, \quad H_1 : \mu > 9.73.$$

由于方差未知, 故选取检验统计量为 T,

$$T = \frac{\overline{X} - \mu_0}{\dfrac{S}{\sqrt{n}}} \overset{H_0}{=\!=} \frac{\overline{X} - 9.73}{\dfrac{S}{\sqrt{n}}} \sim t(n-1).$$

对给定显著性水平 $\alpha = 0.05$, $n = 100$, 查表得 $t_{1-\alpha}(n-1) = t_{0.95}(99) \doteq 1.6794$, 从而得检验的拒绝域为

$$W = \{T > t_{1-\alpha}(n-1)\} = \{T > 1.6794\}.$$

由题设知, $\overline{x} = 9.94$, $s = 1.20$, 从而算得统计量 T 的值为

$$t = \frac{\overline{x} - 9.73}{\dfrac{s}{\sqrt{n}}} = \frac{9.94 - 9.73}{\dfrac{1.20}{\sqrt{100}}} = 1.75 > 1.6794,$$

故拒绝原假设 H_0, 即认为平均每台织布机每小时断头根数显著大于工艺改革前的断头根数, 所以认为新的上浆率不能推广使用.

10. 8 名学生独立地测定同一物质的比重, 分别测得其值 (单位:g/cm^3) 为

$$11.49, \ 11.51, \ 11.52, \ 11.53, \ 11.47, \ 11.46, \ 11.55, \ 11.50.$$

假定测定值服从正态分布, 试根据这些数据检验该物质的实际比重是否为 $11.53(\alpha = 0.05)$.

解　设比重总体为 $X, X \sim N(\mu, \sigma^2)$, 方差 σ^2 未知, 由题意建立假设

$$H_0 : \mu = 11.53, \quad H_1 : \mu \neq 11.53.$$

由于方差 σ^2 未知, 故选取检验统计量为 T.

$$T = \frac{\overline{X} - \mu_0}{\dfrac{S}{\sqrt{n}}} \overset{H_0}{=\!=} \frac{\overline{X} - 11.53}{\dfrac{S}{\sqrt{n}}} \sim t(n-1).$$

对给定的显著性水平 $\alpha = 0.05, n = 8$, 查表得 $t_{1-\frac{\alpha}{2}}(n-1) = t_{0.975}(7) = 2.3646$, 从而得检验的拒绝域为

$$W = \{|T| > t_{1-\frac{\alpha}{2}}(n-1)\} = \{|T| > 2.3646\}.$$

由题设数据算得, $\overline{x} = 11.50, s = 0.0302$, 从而算得 $|T|$ 的值为

$$|t| = \frac{|\overline{x} - 11.53|}{\dfrac{s}{\sqrt{n}}} = \frac{|11.50 - 11.53|}{\dfrac{0.0302}{\sqrt{8}}} = 2.8097 > 2.3646,$$

故拒绝原假设 H_0, 认为物质的实际比重不是 11.53.

11. 进行 5 次试验, 测得锰的熔化点 (℃) 如下:$1260, 1280, 1255, 1254, 1266$. 已知锰的熔化点服从正态分布, 是否可以认为锰的熔化点为 $1260℃\ (\alpha = 0.05)$?

解　根据题意建立假设

$$H_0 : \mu = 1260, \quad H_1 : \mu \neq 1260.$$

由于方差未知, 故选取检验统计量为 T.

$$T = \frac{\overline{X} - \mu_0}{\dfrac{S}{\sqrt{n}}} \overset{H_0}{=\!=} \frac{\overline{X} - 1260}{\dfrac{S}{\sqrt{n}}} \sim t(n-1).$$

对给定的显著性水平 $\alpha = 0.05, n = 5$, 查表得 $t_{1-\frac{\alpha}{2}}(n-1) = t_{0.975}(4) = 2.7764$, 从而得检验的拒绝域为

$$W = \{|T| > t_{1-\frac{\alpha}{2}}(n-1)\} = \{|T| > 2.7764\}.$$

由题设数据算得, $\overline{x} = 1263, s = 10.63$, 从而算得 $|T|$ 的值为

$$|t| = \frac{\overline{x} - 1260}{\dfrac{s}{\sqrt{n}}} = \frac{1263 - 1260}{\dfrac{10.63}{\sqrt{5}}} = 0.6311 < 2.7764,$$

故不拒绝原假设 H_0, 认为锰的熔化点为 1260℃.

12. 无线电厂生产的某种高频管, 其中一项指标服从正态分布 $N(\mu, \sigma^2)$, 今从一批产品中抽取 8 个高频管, 测得指标数据为

$$68,\ 43,\ 70,\ 65,\ 55,\ 56,\ 60,\ 72\,.$$

(i) 已知总体数学期望 $\mu = 60$ 时, 检验假设 $H_0 : \sigma^2 = 8^2 (\alpha = 0.05)$.

(ii) 总体数学期望 μ 未知时, 检验假设 $H_0 : \sigma^2 = 8^2 (\alpha = 0.05)$.

解　(i) 由题意知, 所检验的假设为

$$H_0 : \sigma^2 = 8^2, \quad H_1 : \sigma^2 \neq 8^2.$$

由于均值 $\mu = 60$, 故选取检验统计量为

$$\chi^2 = \frac{1}{\sigma^2} \sum_{i=1}^{n} (X_i - \mu)^2 \overset{H_0}{=\!=} \frac{1}{8^2} \sum_{i=1}^{n} (X_i - 60)^2 \sim \chi^2(n).$$

对给定的显著性水平 $\alpha = 0.05, n = 8$, 查表得

$$\chi^2_{\frac{\alpha}{2}}(n) = \chi^2_{0.025}(8) = 2.180\,,$$

$$\chi^2_{1-\frac{\alpha}{2}}(n) = \chi^2_{0.975}(8) = 17.535\,,$$

从而得到检验的拒绝域为

$$W = \{\chi^2 < \chi^2_{\frac{\alpha}{2}}(n) \ \text{或} \ \chi^2 > \chi^2_{1-\frac{\alpha}{2}}(n)\} = \{\chi^2 < 2.180 \ \text{或} \ \chi^2 > 17.535\}.$$

由题设数据算得统计量的值

$$\chi^2 = \frac{1}{8^2} \sum_{i=1}^{8} (x_i - 60)^2 = 10.3594\,,$$

由于

$$2.180 < 10.3594 < 17.535\,,$$

故不拒绝原假设 H_0, 即认为总体方差为 8^2.

(ii) 由题设知, 均值 μ 未知, 要检验假设

$$H_0 : \sigma^2 = 8^2, \quad H_1 : \sigma^2 \neq 8^2.$$

选取检验统计量为

$$\chi^2 = \frac{(n-1)S^2}{\sigma^2} \overset{H_0}{=\!=} \frac{(n-1)S^2}{8^2} \sim \chi^2(n-1).$$

由 $\alpha = 0.05, n = 8$, 查表得

$$\chi^2_{\frac{\alpha}{2}}(n-1) = \chi^2_{0.025}(7) = 1.690\,, \quad \chi^2_{1-\frac{\alpha}{2}}(n-1) = \chi^2_{0.975}(7) = 16.013\,,$$

从而得到检验的拒绝域为

$$W = \{\chi^2 < \chi^2_{\frac{\alpha}{2}}(n-1)$$

或

$$\chi^2 > \chi^2_{1-\frac{\alpha}{2}}(n-1)\} = \{\chi^2 < 1.690 \,\text{或}\, \chi^2 > 16.013\}.$$

由题设数据换算得 $s^2 = 93.2679$, 从而得到统计量 χ^2 的值

$$\chi^2 = \frac{(n-1)s^2}{8^2} = \frac{7 \times 93.2679}{8^2} = 10.202,$$

由于

$$1.690 < 10.2012 < 16.013,$$

故不拒绝 H_0, 认为总体方差为 8^2.

13. 从一台车床加工的一批轴料中取 15 件测量其椭圆度, 计算得椭圆度的样本标准差 $s = 0.025$, 问该批轴料椭圆度的方差与规定的 $\sigma^2 = 0.0004$ 有无显著差别 ($\alpha = 0.05$, 椭圆度服从正态分布)?

解 由题意建立假设

$$H_0 : \sigma^2 = 0.0004, \quad H_1 : \sigma^2 \neq 0.0004.$$

由于总体均值 μ 未知, 故选取统计量为

$$\chi^2 = \frac{(n-1)S^2}{\sigma^2} \overset{H_0}{=\!=\!=} \frac{(n-1)S^2}{0.0004} \sim \chi^2(n-1).$$

对给定的显著性水平 $\alpha = 0.05$ 及 $n = 15$, 查表得

$$\chi^2_{\frac{\alpha}{2}}(n-1) = \chi^2_{0.025}(14) = 5.625,$$
$$\chi^2_{1-\frac{\alpha}{2}}(n-1) = \chi^2_{0.975}(14) = 26.119,$$

从而得到检验的拒绝域为

$$W = \{\chi^2 < \chi^2_{\frac{\alpha}{2}}(n-1)$$

或

$$\chi^2 > \chi^2_{1-\frac{\alpha}{2}}(n-1)\} = \{\chi^2 < 5.625 \,\text{或}\, \chi^2 > 26.119\}.$$

由题设知 $s = 0.025$, 从而算得统计量的值为

$$\chi^2 = \frac{(n-1)s^2}{0.0004} = \frac{14 \times 0.025^2}{0.0004} = 21.875,$$

由于
$$5.625 < 21.875 < 26.119,$$

故不拒绝原假设受 H_0, 即不认为该批轴料中椭圆度的方差与规定的方差 ($\sigma^2 = 0.0004$) 有显著差别.

14. 用过去的铸造法, 所造的零件的强度平均值是 $52.8\mathrm{g/mm^2}$, 标准差是 $1.6\mathrm{g/mm^2}$. 为了降低成本, 改变了铸造方法, 抽取 9 个样品, 测其强度 ($\mathrm{g/mm^2}$) 为

$$51.9,\ 53.0,\ 52.7,\ 54.1,\ 53.2,\ 52.3\ 52.5,\ 51.1,\ 54.1.$$

假设强度服从正态分布, 试判断是否没有改变强度的均值和标准差 ($\alpha = 0.05$).

解　(1) 首先检验总体的均值. 建立假设

$$H_0 : \mu = 52.8, \quad H_1 : \mu \neq 52.8.$$

由于改变铸造方法后强度方差未知, 故选取统计量

$$T = \frac{\overline{X} - \mu_0}{\dfrac{S}{\sqrt{n}}} \stackrel{H_0}{=\!=} \frac{\overline{X} - 52.8}{\dfrac{S}{\sqrt{n}}} \sim t(n-1).$$

对给定显著性水平 $\alpha = 0.05$, $n = 9$, 查表得 $t_{1-\frac{\alpha}{2}}(n-1) = t_{0.975}(8) = 2.306$, 从而得到检验的拒绝域为

$$W = \{|T| > t_{1-\frac{\alpha}{2}}(n-1)\} = \{|T| > 2.306\}.$$

由题设数据算得, $\overline{x} = 52.7667$, $s^2 = 0.9760^2$, 从而算得 $|T|$ 的值为

$$|t| = \frac{|\overline{x} - 52.8|}{\dfrac{s}{\sqrt{n}}} = \frac{|52.7667 - 52.8|}{\dfrac{0.9760}{\sqrt{9}}} = 0.1025 < 2.306,$$

故不拒绝原假设 H_0, 认为改变铸造方法后并没有改变零件强度的均值.

(2) 再检验总体的方差. 建立假设

$$H_0 : \sigma^2 = 1.6^2, \quad H_1 : \sigma^2 \neq 1.6^2.$$

由于总体均值 μ 未知, 故选取统计量为

$$\chi^2 = \frac{(n-1)S^2}{\sigma^2} \stackrel{H_0}{=\!=} \frac{(n-1)S^2}{1.6^2} \sim \chi^2(n-1).$$

对给定的显著性水平 $\alpha = 0.05$ 及 $n = 9$, 查表得

$$\chi^2_{\frac{\alpha}{2}}(n-1) = \chi^2_{0.025}(8) = 2.180,$$

$$\chi^2_{1-\frac{\alpha}{2}}(n-1) = \chi^2_{0.975}(8) = 17.535,$$

从而得到检验的拒绝域为

$$W = \{\chi^2 < \chi^2_{\frac{\alpha}{2}}(n-1) \text{ 或 } \chi^2 > \chi^2_{1-\frac{\alpha}{2}}(n-1)\}$$
$$= \{\chi^2 < 2.180 \text{ 或 } \chi^2 > 17.535\}.$$

由于 $s^2 = 0.9760$, 从而算得统计量的值

$$\chi^2 = \frac{(n-1)s^2}{1.6^2} = \frac{8 \times 0.9760^2}{1.6^2} = 2.9766,$$

由于

$$2.180 < 2.9766 < 17.535,$$

故不拒绝原假设受 H_0, 认为改变铸造方法后并没有改变零件强度的标准差.

15. 电工器材厂生产一批保险丝, 取 10 根测得其熔化时间 (min) 为

$$42, 65, 75, 78, 59, 57, 68, 54, 55, 71.$$

问是否可以认为整批保险丝的熔化时间的方差小于等于 80?($\alpha = 0.05$, 熔化时间为正态变量.)

解 由题意建立假设

$$H_0 : \sigma^2 \leqslant 80, \quad H_1 : \sigma^2 > 80.$$

由于总体均值未知, 故选取检验统计量为

$$\chi^2 = \frac{(n-1)S^2}{\sigma_0^2} \overset{H_0}{=\!=} \frac{(n-1)S^2}{80} \sim \chi^2(n-1).$$

对给定的显著性水平 $\alpha = 0.05$ 及 $n = 10$, 查表得 $\chi^2_{1-\alpha}(n-1) = \chi^2_{0.95}(9) = 16.919$, 从而得到检验的拒绝域为

$$W = \{\chi^2 > \chi^2_{1-\alpha}(n-1)\} = \{\chi^2 > 16.919\}.$$

由样本观测值算得 $s^2 = 11.0373^2$, 从而得到统计量的值为

$$\chi^2 = \frac{(n-1)s^2}{80} = \frac{9 \times 11.0373^2}{80} = 13.7050 < 16.919,$$

故不拒绝原假设 H_0, 认为整批保险丝的熔化时间的方差小于等于 80.

16. 比较甲, 乙两种安眠药的疗效. 将 20 名患者分成两组, 每组 10 人. 其中 10 人服用甲药后延长睡眠的时数分别为

$$1.9, 0.8, 1.1, 0.1, -0.1, 4.4, 5.5, 1.6, 4.6, 3.4;$$

另 10 人服用乙药后延长睡眠的时数分别为

$$0.7, \ -1.6, \ -0.2, \ -1.2, \ -0.1, \ 3.4, \ 3.7, \ 0.8, \ 0.0, \ 2.0.$$

若服用两种安眠药后延长的睡眠时数服从方差相同的正态分布. 试问两种安眠药的疗效有无显著性差异 $(\alpha = 0.10)$?

解 由题设知服用两种安眠药后增加的睡眠时数服从方差相同的正态分布. 记为 $X \sim N(\mu_1, \sigma^2)$, $Y \sim N(\mu_2, \sigma^2)$, 分布参数均未知. 由题意建立如下假设

$$H_0 : \mu_1 = \mu_2, \quad H_1 : \mu_1 \neq \mu_2.$$

由于方差未知但相等, 故选取统计量

$$
\begin{aligned}
T &= \frac{(\overline{X} - \overline{Y}) - (\mu_1 - \mu_2)}{\sqrt{(n_1 - 1)S_1^2 + (n_2 - 1)S_2^2}} \sqrt{\frac{(n_1 + n_2 - 2)n_1 n_2}{n_1 + n_2}} \\
&\stackrel{H_0}{=\!=} \frac{\overline{X} - \overline{X}}{\sqrt{(n_1 - 1)S_1^2 + (n_2 - 1)S_2^2}} \sqrt{\frac{(n_1 + n_2 - 2)n_1 n_2}{n_1 + n_2}} \sim t(n_1 + n_2 - 2).
\end{aligned}
$$

对给定的显著性水平 $\alpha = 0.10$ 及 $n_1 = n_2 = 10$, 查表得 $t_{1-\frac{\alpha}{2}}(n_1 + n_2 - 2) = t_{0.95}(18) = 1.7341$, 从而得到检验的拒绝域为

$$W = \left\{ |T| > t_{1-\frac{\alpha}{2}}(n_1 + n_2 - 2) \right\} = \left\{ |T| > 1.7341 \right\}.$$

由题设数据算得,

$$\overline{x} = 2.33, \quad \overline{y} = 0.75,$$

$$s_1^2 = 2.0022^2, \quad s^2 = 1.7890^2,$$

从而算得 $|T|$ 的值为

$$
\begin{aligned}
|t| &= \frac{|\overline{x} - \overline{y}|}{\sqrt{(n_1 - 1)s_1^2 + (n_2 - 1)s_2^2}} \sqrt{\frac{(n_1 + n_2 - 2)n_1 n_2}{n_1 + n_2}} \\
&= \frac{2.33 - 0.75}{\sqrt{9 \times 2.0022^2 + 9 \times 1.7890^2}} \sqrt{\frac{18 \times 10^2}{20}} \\
&= 1.8608 > 1.7341,
\end{aligned}
$$

故拒绝 H_0, 即认为两种安眠药的疗效有显著性差异.

17. 使用了 A(电学法) 与 B(混合法) 两种方法来确定冰的潜热, 样本都是 $-0.72℃$ 的冰. 下列数据是每克冰从 $-0.72℃$ 变为 $0℃$ 水的过程中的热量变化 (cal/g, $1\,\text{cal} = 4.18\text{J}$):

方法 A：79.98, 80.04, 80.02, 80.04, 80.03, 80.03, 80.04, 79.97, 80.05,
    80.03, 80.02, 80.00, 80.02.

方法 B：80.02, 79.94, 79.97, 79.98, 79.97, 80.03, 79.95, 79.97.

假定用每种方法测得的数据都具有正态分布, 并且它们的方差相等. 试在 $\alpha = 0.05$
下检验两种方法的总体均值是否相等.

 解 设 A,B 两种方法的热量变化总体分别记为 $X \sim N(\mu_1, \sigma^2), Y \sim N(\mu_2, \sigma^2)$.
由题意建立假设

$$H_0 : \mu = \mu_2, \quad H_1 : \mu_1 \neq \mu_2.$$

由于方差未知但相等, 故选取统计量

$$T = \frac{(\overline{X} - \overline{Y}) - (\mu_1 - \mu_2)}{\sqrt{(n_1 - 1)S_1^2 + (n_2 - 1)S_2^2}} \sqrt{\frac{(n_1 + n_2 - 2)n_1 n_2}{n_1 + n_2}}$$

$$\overset{H_0}{=\!=\!=} \frac{\overline{X} - \overline{X}}{\sqrt{(n_1 - 1)S_1^2 + (n_2 - 1)S_2^2}} \sqrt{\frac{(n_1 + n_2 - 2)n_1 n_2}{n_1 + n_2}} \sim t(n_1 + n_2 - 2).$$

对给定的显著性水平 $\alpha = 0.05$, 及 $n_1 = 13, n_2 = 8$, 查表得 $t_{1-\frac{\alpha}{2}}(n_1 + n_2 - 2) = t_{0.975}(19) = 2.093$, 从而得到检验的拒绝域为

$$W = \{|T| > t_{1-\frac{\alpha}{2}}(n_1 + n_2 - 2)\} = \{|T| > 2.093\}.$$

由题设数据算得,

$$\overline{x} = 80.02, \quad \overline{y} = 79.98,$$

$$s_1^2 = 0.040^2, \quad s^2 = 0.0314^2,$$

从而算得统计量的值为

$$|t| = \frac{\overline{x} - \overline{y}}{\sqrt{(n_1 - 1)s_1^2 + (n_2 - 1)s_2^2}} \sqrt{\frac{(n_1 + n_2 - 2)n_1 n_2}{n_1 + n_2}}$$

$$= \frac{80.02 - 79.98}{\sqrt{12 \times 0.040^2 + 7 \times 0.0314^2}} \sqrt{\frac{19 \times 13 \times 8}{21}}$$

$$= 2.4022 > 2.093,$$

故拒绝原假设 H_0, 即认为两种方法下热量变化总体的均值不相等.

 18. 在平炉上进行一项新法炼钢试验, 试验是在同一只平炉上进行的, 设老法
炼钢的得率 $X \sim N(\mu_1, \sigma^2)$, 新法炼钢的得率 $Y \sim N(\mu_2, \sigma^2)$. 用老法与新法各炼
10 炉钢, 得率分别为

 老法：78.1, 72.4, 76.2, 74.3, 77.4, 78.4, 76.0, 75.5, 76.7, 77.3;

新法: 79.1, 81.0, 77.3, 79.1, 80.0, 79.1, 79.1, 77.3, 80.2, 82.1.
试问新法炼钢是否提高了得率 $(\alpha = 0.005)$?

解 根据题意建立假设

$$H_0 : \mu_1 = \mu_2, \quad H_1 : \mu_1 < \mu_2.$$

由于方差未知但相等, 故选取统计量

$$T = \frac{(\overline{X} - \overline{Y}) - (\mu_1 - \mu_2)}{\sqrt{(n_1 - 1)S_1^2 + (n_2 - 1)S_2^2}} \sqrt{\frac{(n_1 + n_2 - 2)n_1 n_2}{n_1 + n_2}}$$

$$\overset{H_0}{=\!=\!=} \frac{\overline{X} - \overline{X}}{\sqrt{(n_1 - 1)S_1^2 + (n_2 - 1)S_2^2}} \sqrt{\frac{(n_1 + n_2 - 2)n_1 n_2}{n_1 + n_2}} \sim t(n_1 + n_2 - 2).$$

对给定的显著性水平 $\alpha = 0.005$, 及 $n_1 = n_2 = 10$, 查表得 $t_{1-\alpha}(n_1 + n_2 - 2) = t_{0.995}(18) = 2.8784$, 从而得到检验的拒绝域为

$$W = \{T < -t_{1-\alpha}(n_1 + n_2 - 2)\} = \{T < -2.8784\}.$$

由题设数据算得,

$$\overline{x} = 76.23, \quad \overline{y} = 79.43,$$

$$s_1^2 = 1.8233^2, \quad s^2 = 1.4915^2,$$

从而算得统计量的值为

$$t = \frac{76.23 - 79.43}{\sqrt{9 \times 1.8283^2 + 9 \times 1.4915^2}} \sqrt{\frac{18 \times 10^2}{21}} = -4.2958 < -2.8784,$$

故拒绝原假设 H_0, 即认为新法炼钢提高了得率.

19. 为了比较两种枪弹的速度 (单位:m/s), 在相同的条件下进行速度测定. 算得子样均值和子样标准差如下:

$$\text{枪弹甲}: n_1 = 110, \quad \overline{x} = 2805, \quad s_1 = 120.41.$$

$$\text{枪弹乙}: n_2 = 100, \quad \overline{x} = 2680, \quad s_2 = 105.00.$$

设枪弹速度服从正态分布, 在显著水平 $\alpha = 0.05$ 下检验:

(i) 两种枪弹在均匀性方面有无显著差异?

(ii) 甲种枪弹的速度是否较乙种枪弹速度高?

解 (i) 记甲, 乙两种枪弹速度分别为 X, Y, $X \sim N(\mu_1, \sigma_1^2)$, $Y \sim N(\mu_2, \sigma_2^2)$, 参数均未知 . 由题意建立假设

$$H_0 : \sigma_1^2 = \sigma_2^2, \quad H_1 : \sigma_1^2 \neq \sigma_2^2.$$

由于两总体参数均未知, 故选取统计量

$$F = \frac{\dfrac{S_1^2}{S_2^2}}{\dfrac{\sigma_1^2}{\sigma_2^2}} \overset{H_0}{=} \frac{S_1^2}{S_2^2} \sim F(n_1 - 1, n_2 - 1).$$

对给定的显著性水平 $\alpha = 0.05, n_1 = 110, n_2 = 100$, 查表得 $F_{\frac{\alpha}{2}}(n_1 - 1, n_2 - 1) = F_{0.025}(109, 99) = \dfrac{1}{F_{0.975}(99, 109)} = \dfrac{1}{1.43} = 0.6993, F_{1-\frac{\alpha}{2}}(n_1 - 1, n_2 - 1) = F_{0.975}(109, 99) = 1.43$, 从而得到检验的拒绝域为

$$\begin{aligned} W &= \{F < F_{\frac{\alpha}{2}}(n_1 - 1, n_2 - 1) \text{ 或 } F > F_{1-\frac{\alpha}{2}}(n_1 - 1, n_2 - 1)\} \\ &= \{F < 0.6993 \text{ 或 } F > 1.43\}. \end{aligned}$$

由题设, $s_1 = 120.41, s_2 = 105.00$, 代入统计量

$$F = \frac{s_1^2}{s_2^2} = \frac{120.41^2}{105.00^2} = 1.3135,$$

由于

$$0.6993 < 1.3135 < 1.43,$$

故不拒绝原假设 H_0, 即认为两种枪弹 (速度) 在均匀性方面无显著差异.

(ii) 根据题意建立假设

$$H_0': \mu_1 = \mu_2, \quad H_1': \mu_1 > \mu_2.$$

由于方差未知但相等, 故选取统计量

$$T \overset{H_0'}{=} \frac{\overline{X} - \overline{Y}}{\sqrt{(n_1 - 1)S_1^2 + (n_2 - 1)S_2^2}} \sqrt{\frac{(n_1 + n_2 - 2)n_1 n_2}{n_1 + n_2}} \sim t(n_1 + n_2 - 2).$$

对给定的显著性水平 $\alpha = 0.05$, 及 $n_1 = 110, n_2 = 100$, 查表得 $t_{1-\alpha}(n_1 + n_2 - 2) = t_{0.95}(208) = 1.6794$, 从而得到检验的拒绝域为

$$W = \{T > t_{1-\alpha}(n_1 + n_2 - 2)\} = \{T > 1.6794\}.$$

由

$$\overline{x} = 2805, \quad \overline{y} = 2680,$$

$$s_1 = 120.41, \quad s_2 = 105.00,$$

算得统计量的值为

$$t = \frac{2805 - 2680}{\sqrt{109 \times 120.41^2 + 99 \times 105.00^2}} \sqrt{\frac{208 \times 110 \times 100}{210}} = 12.58 > 1.6794,$$

故拒绝原假设 H_0', 即认为甲种枪弹的速度比乙种枪弹的速度高.

20. 有甲乙两台机床, 加工同样产品, 从这两台机床加工的产品中随机地抽取若干产品, 测得产品直径为 (单位:mm):

甲 : 20.5, 19.8, 19.7, 20.4, 20.1, 20.0, 19.6, 19.9.

乙 : 19.7, 20.8, 20.5, 19.8, 19.4, 20.6, 19.2.

假定甲, 乙两台机床的产品直径都服从正态分布, 试比较甲, 乙两台机床加工的精度有无显著差异 $(\alpha = 0.05)$?

解 设甲, 乙两台机床加工产品的直径分别为 X, Y, $X \sim N(\mu_1, \sigma_1^2), Y \sim N(\mu_2, \sigma_2^2)$, 参数均未知. 由题意建立假设

$$H_0 : \sigma_1^2 = \sigma_2^2, \quad H_1 : \sigma_1^2 \neq \sigma_2^2.$$

由于均值未知, 故选取统计量

$$F = \frac{\dfrac{S_1^2}{S_2^2}}{\dfrac{\sigma_1^2}{\sigma_2^2}} \overset{H_0}{=\!=} \frac{S_1^2}{S_2^2} \sim F(n_1 - 1, n_2 - 1).$$

对给定的显著性水平 $\alpha = 0.05$, 及 $n_1 = 8, n_2 = 7$, 查表得 $F_{\frac{\alpha}{2}}(n_1 - 1, n_2 - 1) = F_{0.025}(7, 6) = \dfrac{1}{F_{0.975}(6, 7)} = \dfrac{1}{5.12} = 0.1953$, $F_{1 - \frac{\alpha}{2}}(n_1 - 1, n_2 - 1) = F_{0.975}(7, 6) = 5.7$, 从而得检验的拒绝域为

$$W = \{F < F_{\frac{\alpha}{2}}(n_1 - 1, n_2 - 1) \text{ 或 } F > F_{1 - \frac{\alpha}{2}}(n_1 - 1, n_2 - 1)\}$$
$$= \{F < 0.1953 \text{ 或 } F > 5.7\}.$$

由题设数据算得, $s_1^2 = 0.3207^2, s_2^2 = 0.6298^2$, 从而算得统计量的值

$$F = \frac{s_1^2}{s_2^2} = \frac{0.3207^2}{0.6298^2} = 0.2587,$$

由于

$$0.1953 < 0.2587 < 5.7,$$

故不拒绝原假设 H_0, 即认为两台机床加工的精度无显著差异.

21. 热处理车间工人为提高振动板的硬度, 对淬火温度进行试验, 在两种淬火温度 A 与 B 中, 测得硬度如下:

温度A : 85.6, 85.9, 85.9, 85.7, 85.8, 85.7, 86.0, 85.5, 85.4, 85.5;

温度B : 86.2, 85.7, 86.5, 86.0, 85.7, 85.8, 86.3, 86.0, 86.0, 85.8.

设振动板的硬度服从正态分布, 可否认为改变淬火温度对振动板的硬度有显著影响 ($\alpha = 0.05$)?

解　由题意知, 需检验在两种淬火温度下的硬度均值是否相等. 设温度 A 下的硬度总体为 X, $X \sim N(\mu_1, \sigma_1^2)$, 温度 B 下的硬度总体为 Y, $Y \sim N(\mu_2, \sigma_2^2)$. 而由于两总体方差未知, 且不知是否相等, 故需先检验两总体的方差是否相等. 为此提出假设

$$H_0 : \sigma_1^2 = \sigma_2^2, \quad H_1 : \sigma_1^2 \neq \sigma_2^2.$$

由于两总体的均值未知, 故选取统计量

$$F = \frac{\dfrac{S_1^2}{S_2^2}}{\dfrac{\sigma_1^2}{\sigma_2^2}} \overset{H_0}{=} \frac{S_1^2}{S_2^2} \sim F(n_1 - 1, n_2 - 1).$$

对给定的显著性水平 $\alpha = 0.05$, 及 $n_1 = n_2 = 10$, 查表得 $F_{\frac{\alpha}{2}}(n_1 - 1, n_2 - 1) = F_{0.025}(9, 9) = \dfrac{1}{F_{0.975}(9, 9)} = \dfrac{1}{4.03} = 0.2481$, $F_{1-\frac{\alpha}{2}}(n_1 - 1, n_2 - 1) = F_{0.975}(9, 9) = 4.03$, 从而得检验的拒绝域为

$$\begin{aligned} W &= \{F < F_{\frac{\alpha}{2}}(n_1 - 1, n_2 - 1) \text{ 或 } F > F_{1-\frac{\alpha}{2}}(n_1 - 1, n_2 - 1)\} \\ &= \{F < 0.2481 \text{ 或 } F > 4.03\}. \end{aligned}$$

由题设数据算得,

$$s_1^2 = 0.04, \quad s_2^2 = 0.0711,$$

从而算得统计量的值为

$$F = \frac{s_1^2}{s_2^2} = \frac{0.04}{0.0711} = 0.5624,$$

由于

$$0.2481 < 0.5624 < 4.03,$$

故不拒绝原假设 H_0, 即认为两总体的方差相等.

再检验两总体均值是否相等, 建立假设

$$H_0 : \mu_1 = \mu_2, \quad H_1 : \mu_1 \neq \mu_2.$$

由于两总体方差未知但相等, 故选取统计量

$$T \overset{H_0}{=} \frac{\overline{X} - \overline{Y}}{\sqrt{(n_1 - 1)S_1^2 + (n_2 - 1)S_2^2}} \sqrt{\frac{(n_1 + n_2 - 2)n_1 n_2}{n_1 + n_2}} \sim t(n_1 + n_2 - 2).$$

由给定的显著性水平 $\alpha = 0.05$ 及 $n_1 = n_2 = 10$, 查表得 $t_{1-\frac{\alpha}{2}}(n_1 + n_2 - 2) = t_{0.975}(18) = 2.1009$, 从而得到检验的拒绝域为

$$W = \{|T| > t_{1-\frac{\alpha}{2}}(n_1 + n_2 - 2)\} = \{|T| > 2.1009\}.$$

由题设数据算得,

$$\overline{x} = 85.7, \quad \overline{y} = 86.0,$$

$$s_1^2 = 0.04, \quad s_2^2 = 0.0711,$$

从而得到 $|T|$ 的值为

$$|t| = \frac{|\overline{x} - \overline{y}|}{\sqrt{(n_1-1)s_1^2 + (n_2-1)s_2^2}} \sqrt{\frac{(n_1+n_2-2)n_1 n_2}{n_1+n_2}}$$

$$= \frac{|85.7 - 86.0|}{\sqrt{9 \times 0.04 + 9 \times 0.0711}} \sqrt{\frac{10^2 \times 18}{20}}$$

$$= 2.8462 > 2.1009,$$

故拒绝原假设 H_0, 即认为改变淬火温度对振动板的硬度有显著影响.

22. 十个病人服用两种安眠药后所增加 (或减少) 的睡眠时间 (单位:h) 如下表:

病号	1	2	3	4	5	6	7	8	9	10
安眠药 I	1.4	−1.5	4.0	−2.5	4.5	5.5	−2	1.5	0.5	5.5
安眠药 II	1.9	0.8	3.0	−0.5	3.0	2.5	−0.5	2.5	2.0	2.5

假设病人服安眠药后增加 (或减少) 的睡眠时间服从正态分布, 试在 $\alpha = 0.10$ 下检验第二种安眠药是否较第一种效果更稳定?

解 由题意, 设病人服用 I 型安眠药所增加的睡眠时间是 $X \sim N(\mu_1, \sigma_1^2)$, 服用 II 型安眠药所增加的睡眠时间是 $Y \sim N(\mu_2, \sigma_2^2)$. 提出假设

$$H_0 : \sigma_1^2 = \sigma_2^2, \quad H_1 : \sigma_1^2 > \sigma_2^2.$$

由于两总体的均值未知, 故选取统计量

$$F = \frac{\dfrac{S_1^2}{S_2^2}}{\dfrac{\sigma_1^2}{\sigma_2^2}} \overset{H_0}{=\!=} \frac{S_1^2}{S_2^2} \sim F(n_1 - 1, n_2 - 1).$$

对给定的显著性水平 $\alpha = 0.10$, 及 $n_1 = n_2 = 10$, 查表得

$$F_{1-\alpha}(n_1 - 1, n_2 - 1) = F_{0.90}(9, 9) = 2.44,$$

从而得到检验的拒绝域为

$$W = \{F > F_{1-\alpha}(n_1 - 1, n_2 - 1))\} = \{F > 2.44\}.$$

由题设数据算得,

$$s_1^2 = 3.0759^2, \quad s_2^2 = 1.3298^2,$$

从而算得统计量的值为

$$F = \frac{s_1^2}{s_2^2} = \frac{3.0759^2}{1.3298^2} = 5.35 > 2.44,$$

故拒绝原假设 H_0, 即认为第二种安眠药较第一种效果更稳定.

23. 区间估计与假设检验提法是否相同? 解决问题的途径相通吗? 以未知方差关于期望的区间估计与假设检验为例说明. 置信度 $1-\alpha$, 即检验水平 α.

答　区间估计与假设检验是统计推断的两种不同的形式. 虽然提法不同, 但解决问题的途径是相通的. 下面我们以方差未知的正态总体下关于期望 (均值) 的区间估计与假设检验问题为例来加以说明.

设正态总体 $X \sim N(\mu, \sigma^2)$, 方差 σ^2 未知.$(X_1, X_2, \ldots, X_n)$ 是其样本, $\overline{X}, S^2$ 是样本均值和样本方差.

由区间估计知, 正态总体下方差 σ^2 未知时, 均值 μ 的置信水平为 $1-\alpha$ 的置信区间为

$$\left[\overline{X} - \frac{S}{\sqrt{n}} t_{1-\frac{\alpha}{2}}(n-1), \ \overline{X} + \frac{S}{\sqrt{n}} t_{1-\frac{\alpha}{2}}(n-1) \right], \tag{1}$$

即

$$P\left\{ \overline{X} - \frac{S}{\sqrt{n}} t_{1-\frac{\alpha}{2}}(n-1) \leqslant \mu \leqslant \overline{X} + \frac{S}{\sqrt{n}} t_{1-\frac{\alpha}{2}}(n-1) \right\} = 1-\alpha. \tag{2}$$

由假设检验知, 正态总体下方差 σ^2 未知时, 均值 μ 的显著性水平为 α 的双边检验

$$H_0 : \mu = \mu_0, \quad H_1 : \mu \neq \mu_0, \tag{3}$$

问题的拒绝域为

$$W = \left\{ \frac{|\overline{X} - \mu_0|}{\frac{S}{\sqrt{n}}} > t_{1-\frac{\alpha}{2}}(n-1) \right\},$$

相应地其接受域为

$$\overline{W} = \left\{ \frac{|\overline{X} - \mu_0|}{\frac{S}{\sqrt{n}}} \leqslant t_{1-\frac{\alpha}{2}}(n-1) \right\}$$

$$= \left\{ \overline{X} - \frac{S}{\sqrt{n}} t_{1-\frac{\alpha}{2}}(n-1) \leqslant \mu_0 \leqslant \overline{X} + \frac{S}{\sqrt{n}} t_{1-\frac{\alpha}{2}}(n-1) \right\}, \tag{4}$$

从而有

$$P\left\{\overline{X} - \frac{S}{\sqrt{n}}t_{1-\frac{\alpha}{2}}(n-1) \leqslant \mu_0 \leqslant \overline{X} + \frac{S}{\sqrt{n}}t_{1-\frac{\alpha}{2}}(n-1)\right\} = 1 - \alpha. \tag{5}$$

上述表明, 当我们要对检验问题 (3) 式进行假设检验时, 可先求出均值 μ 的置信水平为 $1 - \alpha$ 的置信区间, 即有

$$\left[\overline{X} - \frac{S}{\sqrt{n}}t_{1-\frac{\alpha}{2}}(n-1), \overline{X} + \frac{S}{\sqrt{n}}t_{1-\frac{\alpha}{2}}(n-1)\right],$$

然后看 μ_0 是否属于该置信区间, 如果 μ_0 属于该区域, 即有

$$\overline{X} - \frac{S}{\sqrt{n}}t_{1-\frac{\alpha}{2}}(n-1) \leqslant \mu_0 \leqslant \overline{X} + \frac{S}{\sqrt{n}}t_{1-\frac{\alpha}{2}}(n-1),$$

那么

$$\frac{|\overline{X} - \mu_0|}{\frac{S}{\sqrt{n}}} \leqslant t_{1-\frac{\alpha}{2}}(n-1),$$

也就是说样本落在了接受域

$$\overline{W} = \left\{\frac{|\overline{X} - \mu_0|}{\frac{S}{\sqrt{n}}} \leqslant t_{1-\frac{\alpha}{2}}(n-1)\right\}$$

内, 故不拒绝 H_0. 如果 μ_0 不属于 μ 的 $1 - \alpha$ 置信区间, 则必有

$$\frac{|\overline{X} - \mu_0|}{\frac{S}{\sqrt{n}}} > t_{1-\frac{\alpha}{2}}(n-1),$$

则样本落在了拒绝域

$$W = \left\{\frac{|\overline{X} - \mu_0|}{\frac{S}{\sqrt{n}}} > t_{1-\frac{\alpha}{2}}(n-1)\right\}$$

内, 从而拒绝 H_0.

反之, 当我们要求均值 μ 的置信水平为 $1 - \alpha$ 的置信区间时, 可先求出显著性水平为 α 的关于检验问题 (3) 式的接受域

$$\overline{W} = \left\{\overline{X} - \frac{S}{\sqrt{n}}t_{1-\frac{\alpha}{2}}(n-1) \leqslant \mu_0 \leqslant \overline{X} + \frac{S}{\sqrt{n}}t_{1-\frac{\alpha}{2}}(n-1)\right\},$$

则相应的

$$\left[\overline{X} - \frac{S}{\sqrt{n}} t_{1-\frac{\alpha}{2}}(n-1), \ \overline{X} + \frac{S}{\sqrt{n}} t_{1-\frac{\alpha}{2}}(n-1) \right],$$

就是均值 μ 的置信水平为 $1 - \alpha$ 的置信区间.

由此可见, 区间估计与假设检验作为统计推断的两种重要形式是相通的.

区间估计与假设检验的区别在于: 区间估计目的是要求以一定的置信水平给出未知参数 (μ) 的所在范围, 假设检验目的则是要求以一定的检验水平 (显著性水平) 对未知参数 (μ) 取的给定值 (μ_0) 作出认定.

总之区间估计和假设检验是对未知参数 (μ) 的两个不同侧面的研究, 只是着重点不同而已, 两者间有着密切的联系.

24. 设正态总体 X 的方差 σ^2 已知, 均值 μ 只能取 μ_0 或 $\mu_1(\mu_1 > \mu_0)$ 二者之一. $\overline{X}$ 是总体 X 的容量为 n 的样本的样本均值. 在给定显著性水平 α 下, 检验假设

$$H_0 : \mu = \mu_0, \qquad H_1 : \mu = \mu_1 > \mu_0,$$

取拒绝域为 $W = \left\{ (X_1, X_2, \cdots, X_n) : \overline{X} \geqslant k \right\}$.

(i) 求 k 的值;

(ii) 求犯第二类错误的概率 β.

解　(i) 在原假设 H_0 成立下, $\overline{X} \sim N\left(\mu_0, \dfrac{\sigma^2}{n} \right)$. 由于犯第一类错误的概率

$$\alpha = P\{ (X_1, X_2, \ldots, X_n) \in W | H_0 \ 成立 \} = P\{ \overline{X} \geqslant k | \mu = \mu_0 \}$$

$$= P\left\{ \frac{\overline{X} - \mu_0}{\dfrac{\sigma}{\sqrt{n}}} \geqslant \frac{k - \mu_0}{\dfrac{\sigma}{\sqrt{n}}} \right\},$$

故由分位数定义知 $\dfrac{k - \mu_0}{\dfrac{\sigma}{\sqrt{n}}} = u_{1-\alpha}$, 从而得

$$k = \frac{\sigma}{\sqrt{n}} u_{1-\alpha} + \mu_0.$$

(ii) 犯第二类错误是当 $\mu = \mu_1$ 时, 样本观测值未落入拒绝域, 即

$$\{ (X_1, X_2, \ldots, X_n) \in \overline{W} | \mu = \mu_1 \} = \{ \overline{X} < k | \mu = \mu_1 \},$$

而当 $\mu = \mu_1$ 时, $\dfrac{\overline{X} - \mu_1}{\dfrac{\sigma}{\sqrt{n}}} \sim N(0,1)$, 于是

$$\beta = P\{\overline{X} < k \mid \mu = \mu_1\} = P\left\{\frac{\overline{X} - \mu_1}{\dfrac{\sigma}{\sqrt{n}}} < \frac{k - \mu_1}{\dfrac{\sigma}{\sqrt{n}}}\right\}$$

$$= \Phi\left(\frac{k - \mu_1}{\dfrac{\sigma}{\sqrt{n}}}\right) = \Phi\left(\frac{\dfrac{\sigma}{\sqrt{n}} u_{1-\alpha} + \mu_0 - \mu_1}{\dfrac{\sigma}{\sqrt{n}}}\right) = \Phi\left(u_{1-\alpha} - \frac{\mu_1 - \mu_0}{\dfrac{\sigma}{\sqrt{n}}}\right).$$

25. 从总体 X 中抽取容量为 80 的样本, 频数分布如下:

区间	$\left(0, \dfrac{1}{4}\right]$	$\left(\dfrac{1}{4}, \dfrac{1}{2}\right]$	$\left(\dfrac{1}{2}, \dfrac{3}{4}\right]$	$\left(\dfrac{3}{4}, 1\right]$
频数	6	18	20	36

试问在显著性水平 $\alpha = 0.025$ 下, 总体 X 的概率密度函数为

$$f(x) = \begin{cases} 2x, & 0 < x < 1; \\ 0, & \text{其他}. \end{cases}$$

是否可信?

解　本题是在显著性水平 $\alpha = 0.025$ 下检验假设

H_0 : 总体 X 的概率密度函数为

$$f(x) = \begin{cases} 2x, & 0 < x < 1; \\ 0, & \text{其他}. \end{cases}$$

由题设知, $n = 80$. 在 H_0 为真的假设下, X 的取值范围为 $(0, 1)$. 将区间 $(0, 1)$ 分成互不相交的 4 个部分: $A_1 = \left(0, \dfrac{1}{4}\right]$, $A_2 = \left(\dfrac{1}{4}, \dfrac{1}{2}\right]$, $A_3 = \left(\dfrac{1}{2}, \dfrac{3}{4}\right]$, $A_4 = \left(\dfrac{3}{4}, 1\right]$. 并以 A_i 记事件 $\{X \in A_i\}$. 在 H_0 成立时, X 的分布函数为

$$F(x) = \begin{cases} 0, & x \leqslant 0, \\ x^2, & 0 < x \leqslant 1, \\ 1, & x > 1. \end{cases}$$

从而得

$$p_1 = P(A_1) = P\left\{0 < X \leqslant \frac{1}{4}\right\} = F\left(\frac{1}{4}\right) - F(0) = \frac{1}{16},$$

$$p_2 = P(A_2) = P\left\{\frac{1}{4} < X \leqslant \frac{1}{2}\right\} = F\left(\frac{1}{2}\right) - F\left(\frac{1}{4}\right) = \frac{1}{4} - \frac{1}{16} = \frac{3}{16},$$

$$p_3 = P(A_3) = P\left\{\frac{1}{2} < X \leqslant \frac{3}{4}\right\} = F\left(\frac{3}{4}\right) - F\left(\frac{1}{2}\right) = \frac{9}{16} - \frac{1}{4} = \frac{5}{16},$$

$$p_4 = P(A_4) = P\left\{\frac{3}{4} < X \leqslant 1\right\} = F(1) - F\left(\frac{3}{4}\right) = 1 - \frac{9}{16} = \frac{7}{16}.$$

列表计算如下:

A_i	频数 v_i	v_i^2	p_i	np_i	$\dfrac{v_i^2}{np_i}$
$A_1 = \left(0, \dfrac{1}{4}\right]$	6	36	0.0625	5	7.2
$A_2 = \left(\dfrac{1}{4}, \dfrac{1}{2}\right]$	18	324	0.1875	15	21.6
$A_3 = \left(\dfrac{1}{2}, \dfrac{3}{4}\right]$	20	400	0.3125	25	16
$A_4 = \left(\dfrac{3}{4}, 1\right]$	36	1296	0.4375	35	37.03
合计	80		1		81.83

由上表可得

$$\chi^2 = \sum_{i=1}^{4} \frac{v_i^2}{np_i} - n = 81.83 - 80 = 1.83.$$

对给定的显著性水平 $\alpha = 0.025$, 自由度为 $4-1$, 可查得临界值 $\chi_{1-\alpha}^2(k-1)$ $= \chi_{0.975}^2(3) = 9.348$.

由 $\chi^2 = 1.83 < 9.348$, 故在显著性水平 $\alpha = 0.025$ 下不拒绝 H_0, 即认为总体 X 的概率密度函数为

$$f(x) = \begin{cases} 2x, & 0 < x < 1, \\ 0, & \text{其他} \end{cases}$$

是可信的.

26. 由某矿区的某号孔抽取 200 块岩蕊, 测定某种化学元素的含量, 经分组统计如下:

含量间隔	$5 \sim 15$	$15 \sim 25$	$25 \sim 35$	$35 \sim 45$	$45 \sim 55$	$55 \sim 65$	$65 \sim 75$	$75 \sim 85$
组中值	10	20	30	40	50	60	70	80
频数	5	18	32	52	45	30	14	4

现在检验该元素含量是否服从分布 $N(44, 15.4^2)$, 其中 44 为子样平均数, 15.4 为子样标准差 $(\alpha = 0.005)$.

解　设该元素的含量为 X, 由题意检验假设

H_0: 总体 X 服从正态分布 $N(44, 15.4^2)$,

其中 44 为子样平均数, 15.4 为子样标准差.

由题设知, $n = 200$, 把 X 的取值范围分成互不相交的子区间: $(-\infty, 15]$, $(15, 25]$, $(25, 35]$, $(35, 45]$, $(45, 55]$, $(55, 65]$, $(65, 75]$, $(75, \infty)$. 在 H_0 成立时, $X \sim N(44, 15.4^2)$, 算得

$$p_1 = P\{X \leqslant 15\} = \Phi\left(\frac{15-44}{15.4}\right) = \Phi(-1.8831)$$

$$= 1 - \Phi(1.8831) = 1 - 0.96995 = 0.03005,$$

$$p_2 = P\{15 < X \leqslant 25\} = \Phi\left(\frac{25-44}{15.4}\right) - \Phi\left(\frac{15-44}{15.4}\right)$$

$$= \Phi(-1.2338) - \Phi(-1.8831) = 0.07925,$$

$$p_3 = P\{25 < X \leqslant 35\} = \Phi\left(\frac{35-44}{15.4}\right) - \Phi\left(\frac{25-44}{15.4}\right)$$

$$= \Phi(-0.5844) - \Phi(-1.2338) = 0.1717,$$

$$p_4 = P\{35 < X \leqslant 45\} = \Phi\left(\frac{45-44}{15.4}\right) - \Phi\left(\frac{35-44}{15.4}\right)$$

$$= \Phi(0.0649) - \Phi(-0.5844) = 0.2429,$$

$$p_5 = P\{45 < X \leqslant 55\} = \Phi\left(\frac{55-44}{15.4}\right) - \Phi\left(\frac{45-44}{15.4}\right)$$

$$= \Phi(0.7143) - \Phi(0.0649) = 0.2372,$$

$$p_6 = P\{55 < X \leqslant 65\} = \Phi\left(\frac{65-44}{15.4}\right) - \Phi\left(\frac{55-44}{15.4}\right)$$

$$= \Phi(1.3636) - \Phi(0.7143) = 0.15199,$$

$$p_7 = P\{65 < X \leqslant 75\} = \Phi\left(\frac{75-44}{15.4}\right) - \Phi\left(\frac{65-44}{15.4}\right)$$

$$= \Phi(2.0130) - \Phi(1.3636) = 0.06469,$$

$$p_8 = P\{75 < X < \infty\} = 1 - \Phi\left(\frac{75-44}{15.4}\right)$$

$$= 1 - \Phi(2.0130) = 0.02222,$$

列表计算如下:

区间	v_i	v_i^2	p_i	np_i	$\dfrac{v_i^2}{np_i}$
$(-\infty, 15]$	5	25	0.0301	6.02	4.1528
$(15, 25]$	18	324	0.0793	15.86	20.4288
$(25, 35]$	32	1024	0.1717	34.34	29.8195
$(35, 45]$	52	2704	0.2429	48.58	55.6608

续表

区间	v_i	v_i^2	p_i	np_i	$\dfrac{v_i^2}{np_i}$
$(45,55]$	45	2025	0.2372	47.44	42.6855
$(55,65]$	30	900	0.1520	30.40	29.6053
$(65,\infty]$	18	324	0.0869	17.38	18.6421
合计	200		1.0001		200.9948

由上表得

$$\chi^2 = \sum_{i=1}^{7} \frac{v_i^2}{np_i} - n = 200.9948 - 200 \,.$$

对给定的显著性水平 $\alpha = 0.005$, 自由度 $7 - 2 - 1 = 4$, 可查得临界值 $\chi_{1-\alpha}^2$ $(k - r - 1) = \chi_{0.995}^2(4) = 14.860$.

由 $\chi^2 = 0.9948 < 14.860$, 故在显著性水平 $\alpha = 0.005$ 下不拒绝原假设 H_0, 认为该种化学元素的含量服从正态分布 $N(44, 15.4^2)$.

27. 卢瑟福在 2608 个相等时间间隔 (每次 $1/8$min) 内, 观察了一放射性物质的放射粒子数. 表中的 η_x 是每 $1/8$min 时间间隔内观察到 x 个粒子的时间间隔数.

x	0	1	2	3	4	5	6	7	8	9	10	11	$\sum$
η_x	57	203	383	525	532	408	273	139	45	27	10	6	2608

试用 χ^2 拟合检验法检验观察数据服从泊松分布这一假设 $(\alpha = 0.05)$.

解 设相等时间间隔 $\left(\dfrac{1}{8}\text{min}\right)$ 内放射性物质放射出的粒子数为 X. 根据题意检验假设

$$H_0 : X \text{ 服从泊松分布 } P(\lambda).$$

当 H_0 成立时, X 的分布律为

$$P\{X = i\} = \frac{\lambda^i \mathrm{e}^{-\lambda}}{i!}, \quad i = 0, 1, 2, \cdots,$$

其中 λ 为未知参数. 为此先求出 λ 的极大似然估计值

$$\hat{\lambda} = \overline{x} = \frac{1}{n} \sum_{i=1}^{n} x_i = \frac{10094}{2608} \doteq 3.87 \,,$$

其中 10094 是在 2608 段时间间隔内实际观测到的放射粒子总数.

其次把 X 的一切可能取值分为 11 组: $A_k = \{k\}$, $k = 0, 1, 2, 3, \cdots, 9, 10$. 在 H_0 成立时, 求出 X 取各可能值的概率如下:

$$p_0 = P\{X = 0\} = \frac{(3.87)^0 e^{-3.87}}{0!} = 0.021,$$

$$p_1 = 0.081, \quad p_2 = 0.156, \quad p_3 = 0.201, \quad p_4 = 0.195, \quad p_5 = 0.151,$$

$$p_6 = 0.097, \quad p_7 = 0.054, \quad p_8 = 0.026, \quad p_9 = 0.011,$$

$$p_{10} = \{X \geqslant 10\} = 0.007.$$

列表计算如下:

放射粒子数 i	频数 v_i	v_i^2	p_i	np_i	$\dfrac{v_i^2}{np_i}$
0	57	3249	0.021	54.768	59.323
1	203	41209	0.081	211.248	195.074
2	383	146689	0.156	406.848	360.550
3	525	275625	0.201	524.208	525.793
4	532	283024	0.195	508.560	556.520
5	408	166464	0.151	393.808	422.704
6	273	74529	0.097	252.975	294.610
7	139	19321	0.054	140.832	137.192
8	45	2025	0.026	67.808	29.864
9	27	729	0.011	28.688	25.411
$\geqslant 10$	16	256	0.007	18.256	14.023
合计	2608		1.000	2607.999	2621.064

对给定的显著性水平 $\alpha = 0.05$, 自由度 $11 - 1 - 1 = 9$, 可查得临界值 $\chi_{1-\alpha}^2(k - r - 1) = \chi_{0.95}^2(9) = 16.919$.

由上表得

$$\chi^2 = \sum_{i=1}^{10} \frac{v_i^2}{np_i} - n = 2621.064 - 2608 = 13.064.$$

由于 $13.064 < 16.919$, 故在显著性水平 $\alpha = 0.05$ 下不拒绝原假设 H_0, 即认为观测数据服从泊松分布.

28. 检查产品质量时, 每次抽取 10 个产品来检查, 共取 100 次, 得到每 10 个产品中次品数的分布如下:

每次取出的次品数 x_i	0	1	2	3	4	5	6	7	8	9	10
频数 v_i	35	40	18	5	1	1	0	0	0	0	0

利用 χ^2 拟合检验法检验生产过程中出现次品的概率是否可以认为是不变的, 即次品数是否服从二项分布 (取 $\alpha = 0.05$).

解 设每次抽取的 10 个产品中的次品数为 X. 由题意检验假设

H_0：X 服从二项分布 $B(10, p)$.

在 H_0 成立时, X 的分布律为

$$P\{X = i\} = \mathrm{C}_{10}^i p^i (1-p)^{10-i}, \quad i = 0, 1, 2, \cdots, 10,$$

其中 p 为未知参数. 为此先求出 p 的极大似然估计值

$$\hat{p} = \frac{1}{10n} \sum_{i=1}^n x_i = \frac{100}{1000} = 0.1.$$

其次, 把 X 的一切可能取值分为 4 组: $A_k = \{k\}$, $k = 0, 1, 2, \geqslant 3$. 在 H_0 成立时, 求出 X 取各可能值的概率如下:

$$p_0 = P\{X = 0\} = \mathrm{C}_{10}^0 (0.1)^0 (0.9)^{10} = 0.3487,$$
$$p_1 = P\{X = 1\} = \mathrm{C}_{10}^1 (0.1)^1 (0.9)^9 = 0.3874,$$
$$p_2 = P\{X = 2\} = \mathrm{C}_{10}^2 (0.1)^2 (0.9)^8 = 0.1937,$$
$$p_3 = P\{X \geqslant 3\} = 0.0702.$$

列表计算如下:

次品数 x_i	频数 v_i	v_i^2	p_i	np_i	$\dfrac{v_i^2}{np_i}$
0	35	1225	0.3487	34.87	35.1305
1	40	1600	0.3874	38.74	41.3010
2	18	324	0.1937	19.37	16.7269
$\geqslant 3$	7	49	0.0702	7.02	6.9801
合计	100		1	100	100.1385

由上表可得

$$\chi^2 = \sum_{i=1}^3 \frac{v_i^2}{np_i} - n = 100.1385 - 100 = 0.1385.$$

对给定的显著性水平 $\alpha = 0.05$, 自由度 $4 - 1 - 1 = 2$, 可查得临界值 $\chi_{1-\alpha}^2(k - r - 1) = \chi_{0.95}^2(2) = 5.991$. 由于

$$0.1385 < 5.991,$$

故在显著性水平 $\alpha = 0.05$ 下不拒绝 H_0, 即认为次品数服从二项分布 $B(10, 0.1)$.

29. 为了解吸烟习惯与患慢性气管炎病的关系, 对 339 名 50 岁以上的人作了调查. 详细情况如下表:

吸烟习惯与患慢性气管炎病的关系调查表

人数	患慢性气管炎者	未患慢性气管炎者	合计	患病率/%
吸烟	43	162	205	21
不吸烟	13	121	134	9.7
合计	56	283	339	16.5

试由上表提供的数据判断吸烟者与不吸烟者的慢性气管炎患病率是否有所不同 ($\alpha = 0.01$).

解　对上表中的数据, 检验假设

$$H_0 : \text{慢性气管炎与吸烟无关系} \ .$$

由题设 $n = 339$, $n_{11} = 43$, $n_{21} = 162$, $n_{12} = 13$, $n_{22} = 121$, $n_{\cdot 1} = 205$, $n_{\cdot 2} = 134$, $n_{1\cdot} = 56$, $n_{2\cdot} = 283$, 于是利用上述数据算得

$$\chi^2 = \sum_{i=1}^{r} \sum_{j=1}^{s} \frac{(n n_{ij} - n_{i\cdot} n_{\cdot j})^2}{n n_{i\cdot} n_{\cdot j}}$$

$$= \frac{(339 \times 43 - 56 \times 205)^2}{339 \times 56 \times 205} + \frac{(339 \times 13 - 56 \times 134)^2}{339 \times 56 \times 134}$$

$$+ \frac{(339 \times 162 - 283 \times 205)^2}{339 \times 283 \times 205} + \frac{(339 \times 121 - 283 \times 134)^2}{339 \times 283 \times 134}$$

$$= 2.465 + 3.770 + 0.488 + 0.746 = 7.469 \ .$$

对给定的显著性水平 $\alpha = 0.01$, 查 χ^2 分布表可得

$$\chi^2_{1-\alpha}((r-1)(s-1)) = \chi^2_{0.99}(1) = 6.635 < 7.469 \ .$$

故在显著性水平 $\alpha = 0.01$ 下拒绝 H_0, 即认为慢性气管炎与吸烟有密切关系.

30. 甲乙两个车间生产同一种产品, 要比较这种产品的某项指标, 测得数据如下:

甲	1.13	1.26	1.16	1.41	0.86	1.39	1.21	1.22
乙	1.21	1.31	0.99	1.59	1.41	1.48	1.31	1.12
甲	1.20	0.62	1.18	1.34	1.57	1.30	1.13	
乙	1.60	1.38	1.60	1.84	1.95	1.25	1.50	

试用符号检验法检验这两个车间生产的产品的该项指标有无显著差异 ($\alpha = 0.05$)?

解　由题设数据表得到

甲	1.13	1.26	1.16	1.41	0.86	1.39	1.21	1.22
乙	1.21	1.31	0.99	1.59	1.41	1.48	1.31	1.12
符号	$-$	$-$	$+$	$-$	$-$	$-$	$-$	$+$
甲	1.20	0.62	1.18	1.34	1.57	1.30	1.13	
乙	1.60	1.38	1.60	1.84	1.95	1.25	1.50	
符号	$-$	$-$	$-$	$-$	$-$	$+$	$-$	

设甲, 乙两组数据总体的分布函数分别为 $F(x)$ 和 $G(x)$, 问题就是在显著性水平 $\alpha = 0.05$ 下检验假设

$$H_0 : F(x) = G(x)$$

由上表知，$n_+ = 3$，$n_- = 12$，于是 $n = n_+ + n_- = 15$，查符号检验表 $n = 15$，$\alpha = 0.05$ 时得临界值 $S_\alpha = 3$，而 $S = \min(n_+, n_-) = 3$，因 $S = 3 = S_\alpha$，故拒绝原假设 H_0，即认为这两车间所生产的产品的该项指标的波动情况的分布有显著差异.

31. 在甲乙两台同型梳棉机上，进行纤维转移率试验，除机台外其他工艺条件都相同，经试验得两个容量不同的纤维转移率样本数据如下表：

甲	8.655	10.019	9.880	8.797	9.071	9.071			
乙	8.726	8.371	9.131	8.946	7.436	8.000	7.332	8.907	6.850

用秩和法检验，对纤维转移率而言，这两台机器是否存在机台差异 $(\alpha = 0.05)$？

解   问题就是要检验甲，乙两数据总体的分布是否相同，即检验

$$H_0 : F(x) = G(x).$$

把样本数据按从小到大的次序排列如下表：

编号	1	2	3	4	5	6	7	8	9
甲						8.655		8.797	
乙	6.850	7.332	7.436	8.000	8.371		8.726		8.907
秩	1	2	3	4	5	6	7	8	9

编号	10	11	12	14	14	15
甲		9.071	9.071		9.880	10.019
乙	8.946			9.131		
秩	10	11.5	11.5	13	14	15

由于甲的数据少，故统计量应取甲的秩和，即

$$T = 6 + 8 + 11.5 + 11.5 + 14 + 15 = 66.$$

由于显著性水平 $\alpha = 0.05$，$n_1 = 6$，$n_2 = 9$，查秩和检验表得 $T_1 = 33$，$T_2 = 63$，由于

$$T = 66 > 63 = T_2,$$

故在显著性水平 $\alpha = 0.05$ 下拒绝原假设 H_0，即认为两台机器存在机台差异.

第 8 章　方差分析

1. 把一批同种纱线袜放在不同温度的水中洗涤, 进行收缩率试验. 水温分为 6 个水平, 每个水平下各洗 4 只袜子, 袜子的收缩率以百分数记, 其值如下表 1. 试按显著水平为 0.05 和 0.01 判断不同洗涤水温对袜子的收缩率是否有显著影响?

表 1

水温 ＼ 试号	1	2	3	4
30℃	4.3	7.8	3.2	6.5
40℃	6.1	7.3	4.2	4.1
50℃	10	4.8	5.4	9.6
60℃	6.5	8.3	8.6	8.2
70℃	9.3	8.7	7.2	10.1
80℃	9.5	8.8	11.4	7.8

解　本题为单因素试验的方差分析. 水温是影响纱线袜收缩率指标 X 的因素, 六个不同水温是水温因素的六个不同水平. 以 μ_i $(i = 1, 2, \cdots, 6)$ 分别表示不同水温下线袜收缩率的均值. 本题要求在显著性水平 α 下检验假设

$$H_0 : \mu_1 = \mu_2 = \cdots = \mu_6 , \qquad H_1 : \mu_1, \mu_2, \cdots, \mu_6 \text{不全相等}.$$

由题设数据算得如下表:

水温 ＼ 试号	1	2	3	4	n_i	$\displaystyle\sum_{j=1}^{n_i} X_{ij}$	$\left(\displaystyle\sum_{j=1}^{n_i} X_{ij}\right)^2$	$\dfrac{1}{n_i}\left(\displaystyle\sum_{j=1}^{n_i} X_{ij}\right)^2$	$\displaystyle\sum_{j=1}^{n_i} X_{ij}^2$
30℃	4.3	7.8	3.2	6.5	4	21.8	475.24	118.81	131.82
40℃	6.1	7.3	4.2	4.1	4	21.7	470.89	117.72	124.95
50℃	10	4.8	5.4	9.6	4	29.8	888.04	222.01	244.36
60℃	6.5	8.3	8.6	8.2	4	31.6	998.56	249.64	252.34
70℃	9.3	8.7	7.2	10.1	4	35.3	1246.09	311.52	316.03
80℃	9.5	8.8	11.4	7.8	4	37.5	1406.25	351.56	358.49
总和					24	177.7		1371.26	1427.99

(1) 进一步算得

$$S_T = \sum_{i=1}^{r} \sum_{j=1}^{n_i} X_{ij}^2 - \frac{1}{n}\left(\sum_{i=1}^{r} \sum_{j=1}^{n_i} X_{ij}\right)^2$$

$$= 1427.99 - \frac{1}{24} \times (177.7)^2 = 112.27,$$

$$S_A = \sum_{i=1}^{r} \frac{1}{n_i} \left(\sum_{j=1}^{n_i} X_{ij} \right)^2 - \frac{1}{n} \left(\sum_{i=1}^{r} \sum_{j=1}^{n_i} X_{ij} \right)^2$$

$$= 1371.26 - \frac{1}{24} \times (177.7)^2 = 55.54,$$

$$S_E = S_T - S_A = 112.27 - 55.54 = 56.73.$$

(2) 确定自由度

S_T 的自由度　　$n - 1 = 24 - 1 = 23$.

S_A 的自由度　　$r - 1 = 6 - 1 = 5$.

S_E 的自由度　　$n - r = 24 - 6 = 18$.

(3) $F = \dfrac{\overline{S_A}}{\overline{S_E}} = \dfrac{11.108}{3.152} = 3.524$.

(4) 由 $\alpha = 0.05$, 查表得 $F_{0.95}(5, 18) = 2.77$.

由 $\alpha = 0.01$, 查表得 $F_{0.99}(5, 18) = 4.25$.

上述结果通常用方差分析表列出如下:

方差来源	平方和	自由度	均方	F 值	临界值	显著性
温度	55.54	5	11.108	3.524	$F_{0.95} = 2.77$	*
误差	56.73	18	3.152		$F_{0.99} = 4.25$	
总和	112.27	23				

由于 $2.77 < 3.524 < 4.25$, 故不同洗涤水温对袜子的收缩率有显著影响.

2. 设有三台同样规格的机器, 用来生产厚度为 $\frac{1}{4}$cm 的铝板. 今要了解各台机器生产的产品的平均厚度是否相同, 取样测至 1 ‰ cm, 得结果如表 2. 试在显著性水平 $\alpha = 0.05$ 下检验差异显著性.

表 2

机号　　试号	1	2	3
1	0.236	0.257	0.258
2	0.238	0.253	0.264
3	0.248	0.255	0.259
4	0.245	0.254	0.267
5	0.243	0.261	0.262

解　本题是单因素试验的方差分析问题. 由题意以 μ_1, μ_2, μ_3 表示各台机器生产的铝板的平均厚度, 问题是要在显著性水平 $\alpha = 0.05$ 下检验假设

$$H_0 : \mu_1 = \mu_2 = \mu_3 , \quad H_1 : \mu_1, \mu_2, \mu_3, 不全相等.$$

由题设数据表可知, 若令

$$y = 1000(x - 0.250),$$

则可将原始数据简化如下表所示:

试号 ＼ 机号	1	2	3
1	−14	7	8
2	−12	3	14
3	−2	5	9
4	−5	4	17
5	−7	11	12

由上述数据算得如下表:

机号 ＼ 试号	1	2	3	4	5	n_i	$\sum\limits_{j=1}^{n_i} X_{ij}$	$\left(\sum\limits_{j=1}^{n_i} X_{ij}\right)^2$	$\dfrac{1}{n_i}\left(\sum\limits_{j=1}^{n_i} X_{ij}\right)^2$	$\sum\limits_{j=1}^{n_i} X_{ij}^2$
1	−14	−12	−2	−5	−7	5	−40	1600	320	418
2	7	3	5	4	11	5	30	900	180	220
3	8	14	9	17	12	5	60	3600	720	774
总和						15	50		1220	1412

(1) 进一步算得

$$S_T = \sum_{i=1}^{r} \sum_{j=1}^{n_i} X_{ij}^2 - \frac{1}{n}\left(\sum_{i=1}^{r} \sum_{j=1}^{n_i} X_{ij}\right)^2 = 1412 - \frac{1}{15} \times 50^2 = 1245.33 .$$

$$S_A = \sum_{i=1}^{r} \frac{1}{n_i}\left(\sum_{j=1}^{n_i} X_{ij}\right)^2 - \frac{1}{n}\left(\sum_{i=1}^{r} \sum_{j=1}^{n_i} X_{ij}\right)^2 = 1220 - \frac{50^2}{15} = 1053.33 .$$

$$S_E = S_T - S_A = 1245.33 - 1053.33 = 192 .$$

(2) 确定自由度

S_T 的自由度　$n - 1 = 15 - 1 = 14 .$

S_A 的自由度　$r - 1 = 3 - 1 = 2 .$

S_E 的自由度　$n - r = 15 - 3 = 12 .$

$$F = \frac{\overline{S}_A}{\overline{S}_E} = \frac{526.665}{16} = 32.92.$$

(3) 由 $\alpha = 0.05$, 查表得 $F_{0.95}(2, 12) = 3.89$.

上述结果用方差分析表列出如下:

方差来源	平方和	自由度	均方	F 值	临界值	显著性
机器	1053.33	2	526.665	32.92	$F_{0.95} = 3.89$	**
误差	192	12	16		$F_{0.99} = 6.93$	
总和	1245.33	14				

由于 $3.89 < 32.92$, 故拒绝原假设 H_0, 又由于 $\alpha = 0.01$ 时, $F_{0.99}(2, 12) = 6.93$, 从而有 $6.93 < 32.92$, 所以各机器生产的铝板厚度差异是高度显著的.

3. 用三种不同小球测定引力常数, 试验结果如表 3, 试在 $\alpha = 0.01$ 下检验不同小球对引力常数的测定有无显著影响?

表 3 (单位:$10^{-11}\mathrm{N} \cdot \mathrm{m}^2/\mathrm{kg}^2$)

铂	6.661	6.661	6.667	6.667	6.664	
金	6.683	6.681	6.676	6.678	6.679	6.672
玻璃	6.678	6.671	6.675	6.672	6.674	

解　把各小球测得的引力常数总体均值分别记为 μ_1, μ_2, μ_3. 由题意需检验假设

$$H_0: \mu_1 = \mu_2 = \mu_3, \quad H_1: \mu_1, \mu_2, \mu_3,\ 不全相等.$$

(1) 由表中数据可算得

$$S_T = \sum_{i=1}^{r} \sum_{j=1}^{n_i} X_{ij}^2 - \frac{1}{n} \left(\sum_{i=1}^{r} \sum_{j=1}^{n_i} X_{ij} \right)^2 = 705.94 \cdot 10^{-6},$$

$$S_A = \sum_{i=1}^{r} \frac{1}{n_i} \left(\sum_{j=1}^{n_i} X_{ij} \right)^2 - \frac{1}{n} \left(\sum_{i=1}^{r} \sum_{j=1}^{n_i} X_{ij} \right)^2 = 565.11 \cdot 10^{-6},$$

$$S_E = S_T - S_A = 140.83 \cdot 10^{-6}.$$

(2) S_T 的自由度　$n - 1 = 16 - 1 = 15$.

S_A 的自由度　$r - 1 = 3 - 1 = 2$.

S_E 的自由度　$n - r = 16 - 3 = 13$.

(3) $F = \dfrac{\overline{S}_A}{\overline{S}_E} = \dfrac{282.555 \times 10^{-6}}{10.833 \times 10^{-6}} = 26.08.$

(4) 由 $\alpha = 0.01$, 查表得 $F_{1-\alpha}(r-1, n-r) = F_{0.99}(2, 13) = 6.70$.

将上述的结果用方差分析表列出如下:

方差来源	平方和	自由度	均方	F 值	临界值	显著性
小球	$565.11 \cdot 10^{-6}$	2	$282.555 \cdot 10^{-6}$	26.08	$F_{0.99} = 6.70$	**
误差	$140.83 \cdot 10^{-6}$	13	$10.833 \cdot 10^{-6}$			
总和	$705.94 \cdot 10^{-6}$	15				

由于 $F = 26.08 > 6.70$, 故拒绝原假设 H_0, 认为不同小球对引力常数测定有高度显著的影响.

4. 为研究各种不同的土质对两种钢管的腐蚀, 在土中埋了八年后测得被腐蚀的重量列于表 4. 试在显著水平 $\alpha = 0.10$ 和 0.05 下检验不同土质对钢管腐蚀的差异性; 在水平 $\alpha = 0.05$ 和 0.01 下检验不同钢管腐蚀情况的差异性.

表 4

B A	涂铅钢管	裸露钢管
细砂土	0.18	1.70
砾砂土	0.08	0.21
淤泥	0.61	1.21
粘土	0.44	0.89
沼泽地	0.77	0.86
碱土	1.27	2.64

解 本题是双因素无交互作用试验的方差分析问题. 以 $\alpha_1, \cdots, \alpha_6$ 表示土质因素 (A) 的各水平的效应, β_1, β_2 表示涂层因素 (B) 各水平的效应. 检验假设

$$H_{0A}: \alpha_1 = \alpha_2 = \cdots = \alpha_6 = 0;$$

$$H_{0B}: \beta_1 = \beta_2 = 0.$$

由题设 $r = 6, s = 2$, 列表计算如下:

因素 B 因素 A	涂铅钢管 1	裸露钢管 2	$T_{i\cdot}$	$T_{i\cdot}^2$
细砂土 1	0.18	1.70	1.88	3.5344
砾砂土 2	0.08	0.21	0.29	0.0841
淤泥 3	0.61	1.21	1.82	3.3124
粘土 4	0.44	0.89	1.33	1.7689
沼泽地 5	0.77	0.86	1.63	2.6569
碱土 6	1.27	2.64	3.91	15.2881
$T_{\cdot j}$	3.35	7.51	$T = \sum\limits_{j=1}^{s} T_{\cdot j} = 10.86$	$\sum\limits_{j=1}^{s} T_{\cdot j}^2 = 67.6226$
$T_{\cdot j}^2$	11.2225	56.4401	$\sum\limits_{i=1}^{r} T_{i\cdot}^2 = 26.6448$	$\sum\limits_{j=1}^{s} \sum\limits_{i=1}^{r} X_{ij}^2 = 15.7098$

由此算得

$$S_T = \sum_{i=1}^{r}\sum_{j=1}^{s} X_{ij}^2 - \frac{T^2}{rs} = 15.7098 - \frac{1}{12} \times 10.86^2 = 5.8815,$$

$$S_A = \frac{1}{s}\sum_{i=1}^{r} T_{i\cdot}^2 - \frac{T^2}{rs} = \frac{1}{2} \times 26.6448 - \frac{1}{12} \times 10.86^2 = 3.4941,$$

$$S_B = \frac{1}{r}\sum_{j=1}^{s} T_{\cdot j}^2 - \frac{T^2}{rs} = \frac{1}{6} \times 67.6226 - \frac{1}{12} \times 10.86^2 = 1.4421,$$

$$S_E = S_T - S_A - S_B = 5.8815 - 3.4941 - 1.4421 = 0.9453.$$

S_A 的自由度 $r-1=5$.

S_B 的自由度 $s-1=1$.

S_E 的自由度 $(r-1)(s-1)=5$.

于是得到

$$F_A = \frac{S_A/5}{S_E/5} = \frac{0.69882}{0.18906} = 3.696, \quad F_B = \frac{S_B/1}{S_E/5} = \frac{1.4421}{0.18906} = 7.628,$$

从而得到如下的方差分析表:

方差来源	平方和	自由度	均方	F 值	临界值	显著性
A	3.4941	5	0.69882	$F_A = 3.696$	$F_{0.90}(5,5) = 3.45$	
B	1.4421	1	1.4421	$F_B = 7.628$	$F_{0.95}(5,5) = 5.05$	$*$
					$F_{0.95}(1.5) = 6.61$	
误差	0.9453	5	0.18906		$F_{0.99}(1,5) = 16.3$	
总和	$S_T = 5.8815$	11				

由于 $F_{0.90}(5,5) < F_A < F_{0.95}(5,5)$, 因此因素 A（即土质）对钢管的腐蚀性有一定影响. 又 $F_{0.95}(1,5) < F_B < F_{0.99}(1,5)$, 因此因素 B（即钢管涂层）对其腐蚀性的影响是显著的.

5. 一火箭使用了四种燃料, 三种推进器做射程试验, 得射程数值如表 5. 试在 $\alpha = 0.05$ 下检验燃料之间、推进器之间各有否显著差异?

表 5   (单位:km)

燃料 ＼ 推进器	B_1	B_2	B_3
A_1	58.2	56.2	65.3
A_2	49.1	54.1	51.6
A_3	60.1	70.9	39.2
A_4	75.8	58.2	48.7

解 本题是无交互作用双因素试验方差分析问题. 以 $\alpha_1, \alpha_2, \alpha_3, \alpha_4$ 表示燃料因素 A 的各水平的效应. 以 $\beta_1, \beta_2, \beta_3, \beta_4$ 表示推进器因素 B 的各水平的效应. 检验假设

$$H_{0A}: \alpha_1 = \alpha_2 = \alpha_3 = \alpha_4 = 0,$$

$$H_{0B}: \beta_1 = \beta_2 = \beta_3 = 0.$$

由题设数据可算得

$$S_T = 1113.4167, \quad S_A = 157.59,$$

$$S_B = 223.8467, \quad S_E = 731.98,$$

得方差分析表如下:

方差来源	平方和	自由度	均方	F 值	临界值	显著性
A(燃料)	157.59	3	52.53	$F_A = 0.43$	$F_{0.95}(3, 6) = 4.76$	
B(推进器)	223.8467	2	111.92	$F_B = 0.92$	$F_{0.95}(2, 6) = 5.14$	
误差	731.98	6	121.99			
总和	$S_T = 1113.4167$	11				

由于 $F_A < F_{0.95}(3, 6), F_B < F_{0.95}(2, 6)$, 故在显著性水平 $\alpha = 0.05$ 下, 不拒绝原假设 H_{0A}, H_{0B}, 即认为各种燃料之间, 各种推进器之间对火箭射程的影响都无显著差异.

6. 一火箭使用了四种燃料和三种推进器做射程试验, 每种搭配试验重复数为 2, 得数值如表 6. 试在 $\alpha = 0.05$ 下检验燃料, 推进器对射程的影响是否显著? 燃料与推进器的交互作用对射程影响是否显著?

表 6 (单位:km)

推进器 \ 燃料	B_1	B_2	B_3
A_1	58.2 52.6	56.2 41.2	65.3 60.8
A_2	49.1 42.8	54.1 50.5	51.9 48.4
A_3	60.1 58.3	70.9 73.2	39.2 40.7
A_4	75.8 71.5	58.2 51.0	48.7 41.4

解 本题是有交互作用的双因素试验的方差分析问题.

把燃料 A 各水平的效应记为 $\alpha_1, \alpha_2, \alpha_3, \alpha_4$, 把推进器 B 各水平的效应记为 $\beta_1, \beta_2, \beta_3$, 交互作用 $A \times B$ 的效应记为 $\gamma_{ij}, i = 1, 2, 3, 4; j = 1, 2, 3$. 由题设知需检验假设

$H_{0A} : \alpha_1 = \alpha_2 = \alpha_3 = \alpha_4 = 0$.

$H_{0B} : \beta_1 = \beta_2 = \beta_3 = 0$.

$H_{A \times B} : \gamma_{ij} = 0 (i = 1, 2, 3, 4, j = 1, 2, 3)$.

为列出方差分析表, 需先列表计算如下:

A \ B	B_1	B_2	B_3	$T_{i..}$	$T_{i..}^2$
A_1	58.2 52.6	56.2 41.2	65.3 60.8	334.3	111756.49
A_2	49.1 42.8	54.1 50.5	51.9 48.4	296.8	87912.25
A_3	60.1 58.3	70.9 73.2	39.2 40.7	342.4	117237.76
A_4	75.8 71.5	58.2 51.0	48.7 41.4	346.6	120131.56
$T_{.j.}$	468.4	455.3	396.4	$T = 1320.1$	$\sum\limits_{i} T_{i..}^2 = 437038.06$
$T_{.j.}^2$	219398.56	207298.09	156895.86	$\sum\limits_{j} T_{.j.}^2 = 583592.51$	

为计算 $\sum\sum\sum X_{ijk}^2$, 由上表中的 (A_i, B_j) 数据得到下表:

A \ B	B_1	B_2	B_3	$\sum\limits_{j}\sum\limits_{k} X_{ijk}^2$
A_1	3387.24 2766.76	3158.44 1697.44	4264.09 3696.64	18970.61
A_2	2410.81 1831.84	2926.81 2550.25	2662.56 2342.56	14724.83
A_3	3612.01 3398.89	5026.81 5358.24	1536.64 1656.49	20589.08
A_4	5745.64 5112.25	3387.24 2601.00	2371.69 1713.96	20931.78
				$\sum\limits_{i}\sum\limits_{j}\sum\limits_{k} X_{ijk}^2 = 75216.30$

另外还算得 $\sum\limits_{i=1}^{r} \sum\limits_{j=1}^{s} X_{ij.}^2 = 149958.64$.

$$\frac{1}{n} T^2 = \frac{1}{rst} \left(\sum_{i=1}^{r} \sum_{j=1}^{s} \sum_{k=1}^{t} X_{ijk} \right)^2 = \frac{1320.1^2}{4 \cdot 3 \cdot 2} = 72578.00.$$

$$S_T = \sum_{i=1}^{r} \sum_{j=1}^{s} \sum_{k=1}^{t} X_{ijk}^2 - \frac{T^2}{n} = 75216.30 - 72578.00 = 2638.30.$$

$$S_A = \frac{1}{st} \sum_{i=1}^{r} T_{i\cdot\cdot}^2 - \frac{T^2}{n} = \frac{437038.86}{6} - 72578.00 = 261.68.$$

$$S_B = \frac{1}{rt} \sum_{i=1}^{r} T_{\cdot j\cdot}^2 - \frac{T^2}{n} = \frac{583592.51}{8} - 72578.00 = 370.98.$$

$$S_E = \sum_{i=1}^{r} \sum_{j=1}^{s} \sum_{k=1}^{t} X_{ijk}^2 - \frac{1}{t} \sum_{i=1}^{r} \sum_{j=1}^{s} T_{ij\cdot}^2 = 75216.30 - \frac{149958.64}{2} = 236.98.$$

$$S_{A \times B} = S_T - S_A - S_B - S_E = 2638.30 - 261.68 - 370.98 - 236.98 = 1768.66.$$

S_A的自由度$r - 1 = 3$, $\quad S_B$的自由度$s - 1 = 2$.

$S_{A \times B}$的自由度$(r-1)(s-1) = 6$, $\quad S_E$的自由度$rs(t-1) = 12$.

$$F_A = \frac{rs(t-1)S_A}{(r-1)S_E} = \frac{\overline{S}_A}{\overline{S}_E} = \frac{87.23}{19.75} = 4.42.$$

$$F_B = \frac{rs(t-1)S_B}{(s-1)S_E} = \frac{\overline{S}_B}{\overline{S}_E} = \frac{185.49}{19.75} = 9.39.$$

$$F_{A \times B} = \frac{rs(t-1)S_{A \times B}}{(r-1)(s-1)S_E} = \frac{\overline{S}_{A \times B}}{\overline{S}_E} = \frac{294.78}{19.75} = 14.93.$$

由 $\alpha = 0.05$, 查表得 $F_{0.95}(3,12) = 3.49, F_{0.95}(2,12) = 3.89, F_{0.95}(6,12) = 3.00, F_{0.99}(3,12) = 5.95, F_{0.99}(2,12) = 6.93, F_{0.99}(6,12) = 4.82$.

由此得到方差分析表

方差来源	平方和	自由度	均方	F 值	临界值	显著性
A	261.68	3	87.23	$F_A = 4.42$	$F_{0.95}(3,12) = 3.49$	$*$
B	370.98	2	185.49	$F_B = 9.39$	$F_{0.95}(2,12) = 3.89$	$**$
$A \times B$	1768.66	6	294.78	$F_{A \times B} = 14.93$	$F_{0.99}(3.12) = 5.95$	$**$
误差	236.98	12	19.75		$F_{0.99}(2.12) = 6.93$	
					$F_{0.95}(6.12) = 3.00$	
总和	2638.30	23			$F_{0.99}(6.12) = 4.82$	

由于 $F_{0.95}(3,12) < F_A < F_{0.99}(3,12)$, 故拒绝 H_{0A}, 认为因素 A（燃料）对火箭射程有显著影响, 又由于

$$F_B > F_{0.99}(2,12), \quad F_{A \times B} > F_{0.99}(6,12),$$

所以拒绝 H_{0B} 及 $H_{A \times B}$, 认为因素 B（推进器）对火箭射程的影响是高度显著的; 交互作用 $A \times B$ 对火箭射程的影响也是高度显著的. 从原始数据表可看出, A_4 与 B_1 或 A_3 与 B_2 的搭配都比其他水平的搭配使火箭的射程要远得多.

7. 在合成反应中, 为了解四个水平的反应温度与四种催化剂的交互作用对合成物的产出量有无显著影响而作的试验 (在同一条件下重复试验 2 次), 得下列数据如表 7. 试在 $\alpha = 0.10$ 下检验 A, B 影响的差异; 并在 $\alpha = 0.01$ 下检验交互作用效用的显著性.

表 7 (单位:t)

催化剂 A \ 温度 B	60℃	80℃	100℃	120℃
A_1	2.7	1.38	2.35	2.26
	3.3	1.35	1.95	2.13
A_2	1.7	1.74	1.67	3.41
	2.14	1.56	1.50	2.56
A_3	1.9	3.14	1.63	3.17
	2.0	2.29	1.05	3.18
A_4	2.72	3.51	1.39	2.22
	1.85	3.15	1.72	2.19

解　本题是有交互作用的双因素试验的方差分析问题. 以 $\alpha_1, \alpha_2, \alpha_3, \alpha_4$ 表示催化剂各水平的效应, 以 $\beta_1, \beta_2, \beta_3, \beta_4$ 表示反应温度各水平的效应, 以 γ_{ij} 表示交互作用的效应 $(i, j = 1, 2, 3, 4.)$ 由题意需检验假设

$$H_{0A} : \alpha_1 = \alpha_2 = \alpha_3 = \alpha_4 = 0,$$

$$H_{0B} : \beta_1 = \beta_2 = \beta_3 = \beta_4 = 0,$$

$$H_{A \times B} : \gamma_{ij} = 0 \quad (i, j = 1, 2, 3, 4).$$

由题设数据算得

$$T = \sum_{i=1}^{r} \sum_{j=1}^{s} \sum_{k=1}^{t} X_{ijk} = 70.81,$$

$$\sum_i T_{i\cdot\cdot}^2 = \sum_i \left(\sum_{j=1}^{s} \sum_{k=1}^{t} X_{ijk} \right)^2 = 1257.1469,$$

$$\sum_j T_{\cdot j\cdot}^2 = \sum_j \left(\sum_{i=1}^{r} \sum_{k=1}^{t} X_{ijk} \right)^2 = 1285.4725,$$

$$\sum_{i=1}^{r} \sum_{j=1}^{s} X_{ij\cdot}^2 = 339.1009, \quad \sum_{i=1}^{r} \sum_{j=1}^{s} \sum_{k=1}^{t} X_{ijk}^2 = 171.3407,$$

从而算得

$$\frac{T^2}{n} = \frac{1}{rst}\left(\sum_{i=1}^{r}\sum_{j=1}^{s}\sum_{k=1}^{t}X_{ijk}\right)^2 = \frac{70.81^2}{4\cdot 4\cdot 2} = 156.6893.$$

$$S_T = \sum_{i=1}^{r}\sum_{j=1}^{s}\sum_{k=1}^{t}X_{ijk}^2 - \frac{T^2}{n} = 171.3407 - 156.6893 = 14.6514.$$

$$S_A = \frac{1}{st}\sum_{i=1}^{r}T_{i\cdot\cdot}^2 - \frac{T^2}{n} = \frac{1}{8}(1257.1469) - 156.6893 = 0.4541.$$

$$S_B = \frac{1}{rt}\sum_{j=1}^{s}T_{\cdot j\cdot}^2 - \frac{T^2}{n} = \frac{1}{8}(1285.4725) - 156.6893 = 3.9948.$$

$$S_E = \sum_{i=1}^{r}\sum_{j=1}^{s}\sum_{k=1}^{t}X_{ijk}^2 - \frac{1}{t}\sum_{i=1}^{r}\sum_{j=1}^{s}T_{ij\cdot}^2 = 171.3407 - \frac{1}{2}(339.1009) = 1.7903.$$

$$S_{A\times B} = S_T - S_A - S_B - S_E = 14.6514 - 0.4541 - 3.9948 - 1.7903 = 8.4122.$$

S_A 的自由度 $r-1=3$, S_B 的自由度 $s-1=3$.

$S_{A\times B}$ 的自由度 $(r-1)(s-1)=9$, S_E 的自由度 $rs(t-1)=16$.

$$F_A = \frac{rs(t-1)S_A}{(r-1)S_E} = \frac{\overline{S}_A}{\overline{S}_E} = \frac{0.1514}{0.1119} = 1.35.$$

$$F_B = \frac{rs(t-1)S_B}{(s-1)S_E} = \frac{\overline{S}_B}{\overline{S}_E} = \frac{1.3316}{0.1119} = 11.90.$$

$$F_{A\times B} = \frac{rs(t-1)S_{A\times B}}{(r-1)(s-1)S_E} = \frac{\overline{S}_{A\times B}}{\overline{S}_E} = \frac{0.9347}{0.1119} = 8.35.$$

由 $\alpha = 0.10$, 查表得 $F_{0.90}(3,16) = 2.46$.

由 $\alpha = 0.01$, 查表得 $F_{0.99}(9,16) = 3.78$, $F_{0.99}(3,16) = 5.29$.

由此得到方差分析表

方差来源	平方和	自由度	均方	F 值	临界值	显著性
A	0.4541	3	0.1514	$F_A = 1.35$	$F_{0.90}(3,16) = 2.46$	
B	3.9948	3	1.3316	$F_B = 11.90$	$F_{0.99}(3,16) = 5.29$	**
$A\times B$	8.4122	9	0.9347	$F_{A\times B} = 8.35$	$F_{0.99}(9,16) = 3.78$	**
误差	1.7903	16	0.1119			
总和	14.6514	31				

由于 $F_A < F_{0.90}(3,16)$, 故因素 A 影响不显著, 由于 $F_B > F_{0.99}(3,16)$, 故因素 B 影响高度显著, 又由于 $F_{A\times B} > F_{0.99}(9,16)$, 故因素 A 与 B 的交互作用的影响

也是高度显著的.

8. 表 8 记录了三位操作工分别在不同机器上操作三天的日产量

表 8

机器 A \ 工人 B	甲	乙	丙
A_1	15,15,17	19,19,16	16,18,21
A_2	17,17,17	15,15,15	19,22,22
A_3	15,17,16	18,17,16	18,18,18
A_4	18,20,22	15,16,17	17,17,17

取显著性水平 $\alpha = 0.05$, 试分析操作工之间, 机器之间有无显著差异? 两者之间交互作用效应是否显著?

解 本题是有交互作用的双因素试验的方差分析问题. 以 $\alpha_1, \alpha_2, \alpha_3, \alpha_4$ 表示因素 A（机器）各水平的效应, 以 $\beta_1, \beta_2, \beta_3$ 表示因素 B（操作工）各水平的效应, 并以 γ_{ij} 表示 A 与 B 交互作用的效应 $(i = 1, 2, 3, 4, j = 1, 2, 3)$. 由题意需检验假设

$$H_{0A} : \alpha_1 = \alpha_2 = \alpha_3 = \alpha_4 = 0,$$

$$H_{0B} : \beta_1 = \beta_2 = \beta_3 = 0,$$

$$H_{A \times B} : \gamma_{ij} = 0 \quad (i = 1, 2, 3, 4, j = 1, 2, 3).$$

由题设数据算得

$$T = \sum_{i}^{r} \sum_{j=1}^{s} \sum_{k=1}^{t} X_{ijk} = 627,$$

$$\sum_{i} T_{i \cdot \cdot}^2 = \sum_{i=1} \left(\sum_{j}^{s} \sum_{k=1}^{t} X_{ijk} \right)^2 = 98307,$$

$$\sum_{j} T_{\cdot j \cdot}^2 = \sum_{j=1} \left(\sum_{i=1}^{r} \sum_{k=1}^{t} X_{ijk} \right)^2 = 131369,$$

$$\sum_{i=1}^{r} \sum_{j=1}^{s} X_{ij \cdot}^2 = 33071,$$

$$\sum_{i=1}^{r} \sum_{j=1}^{s} \sum_{k=1}^{t} X_{ijk}^2 = 11065,$$

从而算得

$$\frac{T^2}{n} = \frac{1}{rst} \left(\sum_{i=1}^{r} \sum_{j=1}^{s} \sum_{k=1}^{t} X_{ijk} \right)^2 = \frac{627^2}{4 \cdot 3 \cdot 3} = 10920.25,$$

$$S_T = \sum_{i=1}^{r} \sum_{j=1}^{s} \sum_{k=1}^{t} X_{ijk}^2 - \frac{T^2}{n} = 11065 - 10920.25 = 144.75,$$

$$S_A = \frac{1}{st} \sum_{i=1}^{r} T_{i\cdot\cdot}^2 - \frac{T^2}{n} = \frac{1}{9}(98307) - 10920.25 = 2.75,$$

$$S_B = \frac{1}{rt} \sum_{j=1}^{s} T_{\cdot j\cdot}^2 - \frac{T^2}{n} = \frac{1}{12}(131369) - 10920.25 = 27.17,$$

$$S_E = \sum_{i=1}^{r} \sum_{j=1}^{s} \sum_{k=1}^{t} X_{ijk}^2 - \frac{1}{t} \sum_{i=1}^{r} \sum_{j=1}^{s} T_{ij\cdot}^2 = 11065 - \frac{1}{3}(33071) = 41.33,$$

$$S_{A \times B} = S_T - S_A - S_B - S_E = 144.75 - 2.75 - 27.17 - 41.33 = 73.5,$$

S_A 的自由度 $r - 1 = 4 - 1 = 3$,　 S_B 的自由度 $s - 1 = 3 - 1 = 2$,

$S_{A \times B}$ 的自由度 $(r - 1)(s - 1) = 6$,　 S_E 的自由度 $rs(t - 1) = 24$,

$$F_A = \frac{rs(t-1)S_A}{(r-1)S_E} = \frac{\overline{S}_A}{\overline{S}_E} = \frac{0.9167}{1.7221} = 0.53,$$

$$F_B = \frac{rs(t-1)S_B}{(s-1)S_E} = \frac{\overline{S}_B}{\overline{S}_E} = \frac{13.585}{1.7221} = 7.89,$$

$$F_{A \times B} = \frac{rs(t-1)S_{A \times B}}{(r-1)(s-1)S_E} = \frac{\overline{S}_{A \times B}}{\overline{S}_E} = \frac{12.25}{1.7221} = 7.11.$$

由 $\alpha = 0.05$, 查表得 $F_{0.95}(3, 24) = 3.01, F_{0.95}(2, 24) = 3.40, F_{0.95}(6, 24) = 2.51.$
由此得到方差分析表

方差来源	平方和	自由度	均方	F 值	临界值	显著性
A	2.75	3	0.9167	$F_A = 0.53$	$F_{0.95}(3, 24) = 3.01$	
B	27.17	2	13.585	$F_B = 7.89$	$F_{0.95}(2, 24) = 3.40$	*
$A \times B$	73.5	6	12.25	$F_{A \times B} = 7.11$	$F_{0.95}(6, 24) = 2.51$	*
误差	41.33	24	1.7221			
总和	144.75	35				

由于 $F_A < F_{0.95}(3, 24), F_B > F_{0.95}(2, 24), F_{A \times B} > F_{0.95}(6, 24)$, 故接受 H_{0A}, 拒绝 H_{0A} 和 H_{0B}, 认为机器对日产量没有显著影响, 而操作工及机器与操作工的配合对日产量有显著影响. 也就是说机器之间无显著差异, 而操作工之间有显著差异, 两者之间的交互作用有显著差异.

第9章 回归分析

1. 在铜线含碳量对于电阻的效应的研究中, 得到如下一批数据.

碳含量 x_i/%	0.10	0.30	0.40	0.55	0.70	0.80	0.95
电阻 y_i（20℃时微欧）	15	18	19	21	22.6	23.8	26

求线性回归方程 $\hat{y} = \hat{a} + \hat{b}x$.

解 由题设数据换算得

$$\sum x_i = 3.8, \quad \sum y_i = 145.4,$$
$$\sum x_i^2 = 2.595, \quad \sum x_i y_i = 85.61.$$

从而算得

$$l_{xx} = \sum x_i^2 - \frac{1}{n}\left(\sum x_i\right)^2 = 2.595 - \frac{1}{7}(3.8)^2 = 0.53214.$$
$$l_{xy} = \sum x_i y_i - \frac{1}{n}\left(\sum x_i\right)\left(\sum y_i\right) = 85.61 - \frac{1}{7}(3.8)(145.4) = 6.67857.$$

于是

$$\hat{b} = \frac{l_{xy}}{l_{xx}} = \frac{6.67857}{0.53214} = 12.55,$$
$$\hat{a} = \overline{y} - \hat{b}\overline{x} = 20.77 - 12.55 \times 0.543 = 13.96,$$

所求线性回归方程为

$$\hat{y} = 13.96 + 12.55x.$$

2. 炼铝厂测得所产铸模用的铝的硬度 x 与抗张强度 y 数据如下:

x_i	68	53	70	84	60	72	51	83	70	64
y_i	288	293	349	343	290	354	283	324	340	286

(i) 求线性回归方程 $\hat{y} = \hat{a} + \hat{b}x$;

(ii) 在 $\alpha = 0.05$ 时检验所得线性回归方程的显著性;

(iii) 当铝的硬度 $x = 65$ 时, 求抗张强度的 95% 预测区间.

解 (i) 由题设数据算得

$$\sum x_i = 675, \quad \sum y_i = 3150,$$

$$\sum x_i^2 = 46659, \quad \sum y_i^2 = 1000120,$$
$$\sum x_i y_i = 214672.$$

从而算得

$$l_{xx} = \sum x_i^2 - \frac{1}{n}\left(\sum x_i\right)^2 = 46659 - \frac{1}{10}(675)^2 = 1096.5,$$
$$l_{yy} = \sum y_i^2 - \frac{1}{n}\left(\sum y_i\right)^2 = 1000120 - \frac{1}{10}(3150)^2 = 7870,$$
$$l_{xy} = \sum x_i y_i - \frac{1}{n}\left(\sum x_i\right)\left(\sum y_i\right) = 214672 - \frac{1}{10}(675)(3150) = 2047.$$

于是

$$\hat{b} = \frac{l_{xy}}{l_{xx}} = \frac{2047}{1096.5} = 1.866849,$$
$$\hat{a} = \overline{y} - \hat{b}\overline{x} = 315 - 1.87 \times 67.5 = 188.78.$$

所求线性回归方程为

$$\hat{y} = 188.78 + 1.87x.$$

(ii) 再对线性回归作显著性检验.

$$H_0 : b = 0, \qquad H_1 : b \neq 0.$$

由于

$$U = \hat{b}^2 l_{xx} = (1.87)^2 \times 1096.5 = 3834.35,$$
$$Q = l_{yy} - U = 7870 - 3834.35 = 4035.65,$$
$$F = (n-2)\frac{U}{Q} = \frac{8 \times 3834.35}{4035.65} = 7.60,$$

在水平 $\alpha = 0.05$ 下,

$$F_{1-\alpha}(1, n-2) = F_{0.95}(1,8) = 5.32.$$

因为 $F = 7.60 > 5.321$, 所以拒绝 H_0, 认为 Y 与 x 的线性关系是显著的, 即认为铝的抗张强度与硬度之间线性关系是显著的.

(iii) 求当 $x = 65$ 时, y 的 0.95 的预测区间. 当 $x = 65$ 时, $\hat{y} = 188.78 + 1.87 \times 65 = 310.33.$ 查表知

$$t_{1-\frac{\alpha}{2}}(n-2) = t_{0.975}(8) = 2.306,$$

$$\delta = t_{1-\frac{\alpha}{2}}(n-2)\sqrt{\frac{Q}{n-2}\left[1+\frac{1}{n}+\frac{(x-\overline{x})^2}{l_{xx}}\right]}$$

$$= 2.306\sqrt{\frac{4035.65}{8}\left[1+\frac{1}{10}+\frac{(65-67.5)^2}{1096.5}\right]}$$

$$= 54.47.$$

所求预测区间为

$$(310.33 - 54.47, 310.33 + 54.47) = (255.86, 364.80).$$

3. 某炼钢厂所用的盛钢桶, 在使用过程中由于钢液及溶渣侵蚀, 其容积不断增大. 经过试验, 盛钢桶的容量与相应使用次数 (寿命) 的关系如下表:

使用次数 (x_i)	2	3	4	5	6	7	8	9	10
容量 $(y_i t)$	106.42	108.20	109.58	109.50	109.70	109.90	109.93	109.99	110.49
使用次数 (x_i)	11	12	13	14	15	16	18	19	
容量 $(y_i t)$	110.59	110.60	110.80	110.60	110.90	110.76	111.00	111.20	

设回归函数型为 $\dfrac{1}{y} = a + \dfrac{b}{x}$, 试估计 a, b.

解 由题设, 回归函数型为

$$\frac{1}{y} = a + \frac{b}{x}, \tag{1}$$

令 $y' = \dfrac{1}{y}, x' = \dfrac{1}{x}$, 则上式可写成直线方程

$$y' = a + bx', \tag{2}$$

用最小二乘法求线性方程 (2) 的回归系数 b 及常数项, 列表计算如下:

编号	x	y	$x' = \dfrac{1}{x}$	$y' = \dfrac{1}{y}$	x'^2	$x'y'$
1	2	106.42	0.500000	0.00939673	0.2500000	0.00469837
2	3	108.20	0.333333	0.00924214	0.1111111	0.00308071
3	4	109.58	0.250000	0.00912575	0.0625000	0.00228144
4	5	109.50	0.200000	0.00913242	0.0400000	0.00182648
5	6	109.70	0.166667	0.00911577	0.0277778	0.00151930
6	7	109.90	0.142857	0.00909918	0.0204081	0.00129988
7	8	109.93	0.125000	0.00909670	0.0156250	0.00113709
8	9	109.99	0.111111	0.00909174	0.0123457	0.00101019

续表

编号	x	y	$x' = \dfrac{1}{x}$	$y' = \dfrac{1}{y}$	x'^2	$x'y'$
9	10	110.49	0.100000	0.00905059	0.0100000	0.00090506
10	11	110.59	0.090909	0.00904241	0.0082645	0.00082204
11	12	110.60	0.083333	0.00904159	0.0069444	0.00075347
12	13	110.80	0.076923	0.00902527	0.0059172	0.00069425
13	14	110.60	0.071429	0.00904159	0.0051020	0.00064583
14	15	110.90	0.066667	0.00901713	0.0044444	0.00060114
15	16	110.76	0.062500	0.00902853	0.0039063	0.00056428
16	18	111.00	0.055556	0.00900901	0.0030864	0.00050050
17	19	111.20	0.052632	0.00899281	0.0027701	0.00047353
$\sum$			2.488917	0.15454936	0.5902019	0.02281356

由 $n = 17$ 及上表结果进一步算得

$$\overline{x'} = \frac{1}{n} \sum x_i' = \frac{1}{17} \times (2.488917) = 0.146407,$$

$$\overline{y'} = \frac{1}{n} \sum y_i' = \frac{1}{17} \times (0.15454936) = 0.0090911,$$

$$l_{x'x'} = \sum x_i'^2 - \frac{1}{n} \left(\sum x_i' \right)^2 = 0.5902019 - \frac{1}{17}(2.488917)^2 = 0.225807,$$

$$l_{x'y'} = \sum x_i' y_i' - \frac{1}{n} \left(\sum x_i' \right) \left(\sum y_i' \right)$$

$$= 0.02281356 - \frac{1}{17}(2.488917)(0.15454936)$$

$$= 0.00018647,$$

$$\hat{b} = \frac{l_{x'y'}}{l_{x'x'}} = 0.0008258,$$

$$\hat{a} = \overline{y'} - \hat{b}\,\overline{x'} = 0.008970,$$

于是得线性回归方程为

$$\hat{y}' = 0.008970 + 0.0008258x',$$

即有

$$\frac{1}{\hat{y}} = 0.008970 + 0.0008258 \left(\frac{1}{x} \right),$$

所求回归方程为

$$\hat{y} = \frac{x}{0.008970x + 0.0008258}.$$

4. 某种化工产品的得率 Y 与反应温度 x_1, 反应时间 x_2 及某种反应物浓度 x_3 有关. 今测得试验结果如下表所示, 其中 x_1, x_2, x_3 均为二水平且均以编码形式表达.

x_1	-1	-1	-1	-1	1	1	1	1
x_2	-1	-1	1	1	-1	-1	1	1
x_3	-1	1	-1	1	-1	1	-1	1
得率	7.6	10.3	9.2	10.2	8.4	11.1	9.8	12.6

(i) 设 $EY = \mu(x_1, x_2, x_3) = b_0 + b_1 x_1 + b_2 x_2 + b_3 x_3$, 求 Y 的多元线性回归方程;

(ii) 若认为反应时间不影响得率, 即认为 $\mu(x_1, x_2, x_3) = c_0 + c_1 x_1 + c_3 x_3$, 求 Y 的多元线性回归方程.

解 (i) 所求 Y 的线性回归方程形为

$$\hat{y} = \hat{b_0} + \hat{b_1} x_1 + \hat{b_2} x_2 + \hat{b_3} x_3.$$

引入矩阵

$$X = \begin{bmatrix} 1 & -1 & -1 & -1 \\ 1 & -1 & -1 & 1 \\ 1 & -1 & 1 & -1 \\ 1 & -1 & 1 & 1 \\ 1 & 1 & -1 & -1 \\ 1 & 1 & -1 & 1 \\ 1 & 1 & 1 & -1 \\ 1 & 1 & 1 & 1 \end{bmatrix}, \quad Y = \begin{bmatrix} 7.6 \\ 10.3 \\ 9.2 \\ 10.2 \\ 8.4 \\ 11.1 \\ 9.8 \\ 12.6 \end{bmatrix}, \quad B = \begin{bmatrix} b_0 \\ b_1 \\ b_2 \\ b_3 \end{bmatrix},$$

则正规方程组为

$$X^{\mathrm{T}} X B = X^{\mathrm{T}} Y,$$

容易算得

$$X^{\mathrm{T}} X = \begin{bmatrix} 8 & 0 & 0 & 0 \\ 0 & 8 & 0 & 0 \\ 0 & 0 & 8 & 0 \\ 0 & 0 & 0 & 8 \end{bmatrix}, \quad X^{\mathrm{T}} Y = \begin{bmatrix} 79.2 \\ 4.6 \\ 4.4 \\ 9.2 \end{bmatrix},$$

$$(X^{\mathrm{T}} X)^{-1} = \mathrm{ding}\left(\frac{1}{8}, \frac{1}{8}, \frac{1}{8}, \frac{1}{8}\right),$$

所以

$$\hat{B} = \begin{bmatrix} \hat{b_0} \\ \hat{b_1} \\ \hat{b_2} \\ \hat{b_3} \end{bmatrix} = (X^{\mathrm{T}} X)^{-1} X^{\mathrm{T}} Y = \begin{bmatrix} 9.9 \\ 0.575 \\ 0.55 \\ 1.15 \end{bmatrix},$$

所求回归方程为

$$\hat{y} = 9.9 + 0.575x_1 + 0.55x_2 + 1.15x_3.$$

(ii) 若认为 $EY = \mu(x_1, x_2, x_3) = C_0 + C_1 x_1 + C_3 x_3$, 则令

$$G = \begin{bmatrix} 1 & -1 & -1 \\ 1 & -1 & 1 \\ 1 & -1 & -1 \\ 1 & -1 & 1 \\ 1 & 1 & -1 \\ 1 & 1 & 1 \\ 1 & 1 & -1 \\ 1 & 1 & 1 \end{bmatrix}, \quad C = \begin{bmatrix} c_0 \\ c_1 \\ c_3 \end{bmatrix},$$

相应地正规方程组为

$$G^{\mathrm{T}}G = G^{\mathrm{T}}Y,$$

由于

$$G^{\mathrm{T}}G = \begin{bmatrix} 8 & 0 & 0 \\ 0 & 8 & 0 \\ 0 & 0 & 8 \end{bmatrix}, \quad G^{\mathrm{T}}Y = \begin{bmatrix} 79.2 \\ 4.6 \\ 9.2 \end{bmatrix},$$

$$(G^{\mathrm{T}}G)^{-1} = \mathrm{ding}\left(\frac{1}{8}, \frac{1}{8}, \frac{1}{8}\right),$$

故得

$$\hat{C} = \begin{bmatrix} \widehat{c_0} \\ \widehat{c_1} \\ \widehat{c_3} \end{bmatrix} = (G^{\mathrm{T}}G)^{-1}G^{\mathrm{T}}Y = \begin{bmatrix} 9.9 \\ 0.575 \\ 1.15 \end{bmatrix},$$

所求回归方程为

$$\hat{y} = 9.9 + 0.575x_1 + 1.15x_3.$$